手 作 成 詩

原浩美の
花朵拼布圖鑑

來自北海道的美麗貼布縫拼布創作集

Flower Applique Quilt

與拼布相遇後已有30多年的時光，

「喜歡」的心情從來沒有改變過，不！或許可以說是變得更濃烈。

全是因為感受到了「以花朵來表現貼布縫」的魅力。

如果必需從事其他的工作，我想我會毫不猶豫的選擇與花朵有關的工作吧！

在花園裡摘花作成花束時，

不知不覺心情就變得好像在選擇貼布縫的布料一樣。

一邊摘花一邊想像下一個作品，製作作品的同時也想像著花朵，

真的可以說是幸福的瞬間。

我居住的北海道，可以享受花園花開的時期非常短暫，

所以在拼布裡以花朵來表現作品的方式，成為生活的樂趣之一。

從花圖鑑裡搜集花瓣與葉子的形狀、畫圖形、選擇布料作成貼布縫，

一切的縫製過程都感到幸福。

最喜歡的花朵與拼布，往後也一定可以繼續製作。

本書以蘊育花朵的心情製作花朵貼布縫，呈現的花朵種類繁多。

請您也選出喜愛的花朵，讓它綻放在您的作品上！

原 浩美

1982年開始自學拼布，於拼布教室上過課後，1997年開始開設自家教室教學。

2006年著作《可愛的拼布》（株）主婦與生活出版社。

2008年於帶廣市開設拼布專門店《STUDIO QUILT》，除了店面教學之外，帶廣市與札幌市等都有指導教學。

融合在實際生活裡的樸實作品，大量的使用先染布搭配出樸實作品風格受到廣泛喜愛。

CONTENTS

一朵花の貼布縫

樸素的花即使是只有單一朵花也很耐看的，簡潔又大方只有單朵花的貼布縫。
非常適合裝飾在小作品上。

3

1

2

草莓圖案茶具組

想要在春天時拿出來用的茶具組，
只有一朵白色小花的貼布縫是重點
設計，像草莓牛奶一樣的粉紅色格
子圖案、點點圖案，可愛卻又成熟
的設計。

茶壺保溫套 22.5×30㎝
茶壺墊 直徑23㎝
小物盒 8×11×7㎝

作法 P.8

4

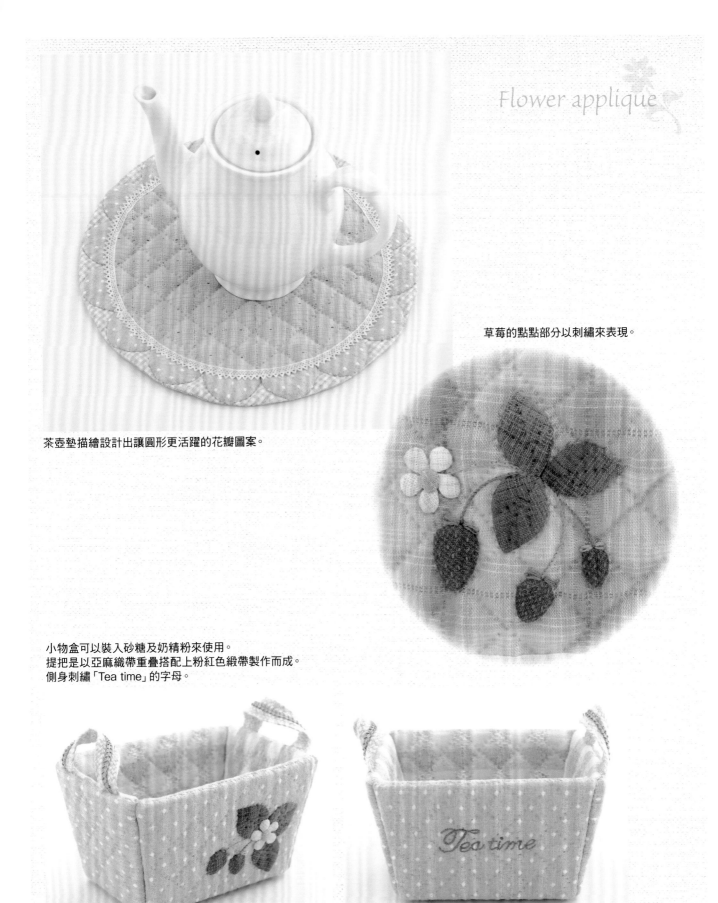

草莓的點點部分以刺繡來表現。

茶壺墊描繪設計出讓圓形更活躍的花瓣圖案。

小物盒可以裝入砂糖及奶精粉來使用。
提把是以亞麻織帶重疊搭配上粉紅色緞帶製作而成。
側身刺繡「Tea time」的字母。

瑪格麗特‧鬱金香‧玫瑰
口金零錢包

在格子、點點圖案的表布上縫上貼布縫，與整體搭配上同色系的口金圓球裝飾賦予清新可愛的印象。裡布也選擇與表布同色系的布料並附有內口袋的設計。
12×17cm

作法 P.7

✳製作之前的小提醒

· 縫份預留0.7cm
· 構成作品的各部位裁片（包款的表布與側身等）、拼布飾邊等的外側，於正面作完成線記號，
　縫份的裁剪線也要作記號（參考P.29）（也有例外的情況）。
· 壓線後於縫份處疏縫，並剪開裁剪線（以裡布包捲方式處理縫份時，裡布縫份要預留1cm）。

P.6　4至6　口金零錢包　　原寸紙型B面⑩

✳材料（1組份）

表布、拼布棉各20×30cm　裡布（包含內口袋布）35×30cm　布襯15×10cm　各色貼布縫用布 25號繡線適量 口金（寬12cm）一個

✳作法順序

於表布進行貼布縫　，並完成刺繡→將拼布棉、表布、裡布重疊並縫合四周→將拼布棉的縫份部分，盡可能貼近縫線為止剪掉、　翻回正面並壓線（後片也相同作法）→製作內口袋、縫合於後片→對齊前片、後片，於縫止點為止以捲針縫縫合→裝上口金。

✳重點

貼布縫的作法P.72
繡法P.41

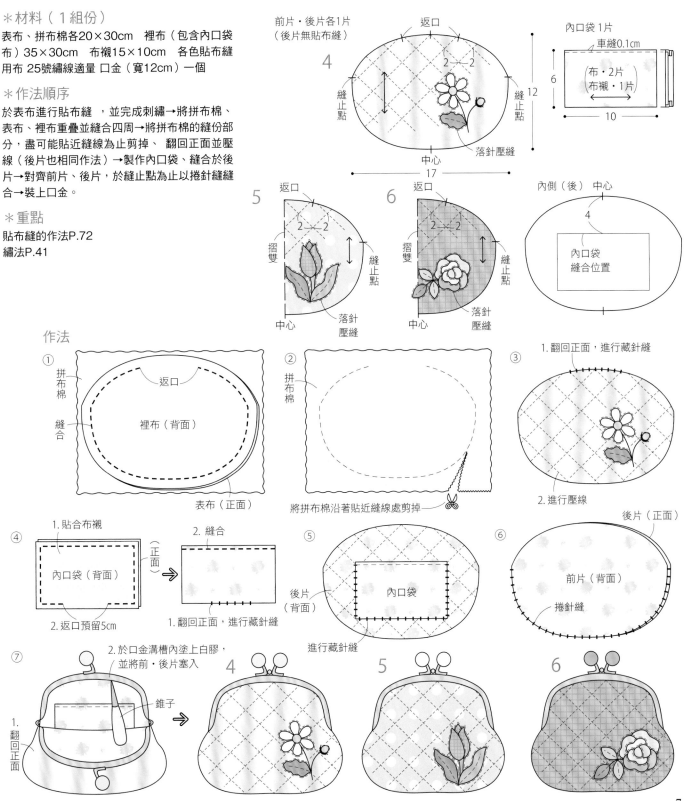

作法

7

＊材料

表布40×50cm　口布10×35cm　裡布、拼布棉各
50×35cm　滾邊條 寬3.2cm的斜紋布70cm　各色貼布縫
用布　25號繡線 適量　蕾絲（1.5cm寬）70cm　亞麻織帶
（1.5cm寬）粉紅色緞帶（0.3cm寬）各10cm

＊作法順序

於表布進行貼布縫、完成刺繡、將口布縫合組成主體表布→
主體表布、拼布棉、裡布重疊並壓線（後片作法相同）→縫
合蕾絲→於亞麻織帶上縫合粉紅色緞帶→將織帶夾縫，前・
後片正面相對疊合並縫合四周→ 縫份以裡布包捲處理→ 袋
口以滾邊條處理。

＊重點

貼布縫的作法P.72
繡法P.41
縫份以裡布包捲處理
滾邊條的斜紋布作法、滾邊作法P.80

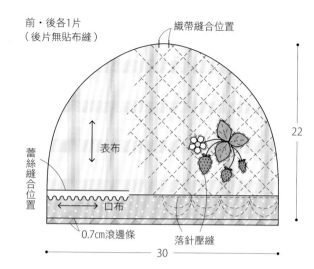

前・後各1片
（後片無貼布縫）
織帶縫合位置
表布
蕾絲縫合位置
口布
0.7cm滾邊條
落針壓縫
22
30

作法

① 於織帶上縫合粉紅色緞帶　對摺

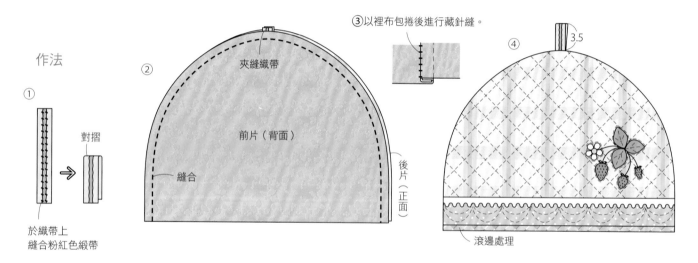

② 夾縫織帶　前片（背面）　縫合　後片（正面）

③以裡布包捲後進行藏針縫。

④ 3.5　滾邊處理

＊材料

表布A、裡布、拼布棉 各30×30cm　表布B
25×25cm　a用布20×20cm　蕾絲（0.8cm
寬）65cm

＊作法順序

於表布A縫合a後，重疊B並縫合，組合完成主
體表布→預留返口，縫合裡布中央→拼布棉、
表布、裡布重疊後縫合四周→剪掉縫份部分的
拼布棉→翻回正面→縫合返口，並壓線→縫合
蕾絲。

貼布縫的原寸紙型

a

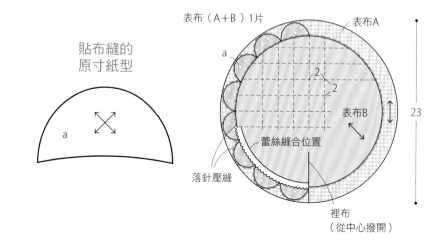

表布（A＋B）1片
表布A
a
2
2
表布B
蕾絲縫合位置
落針壓縫
裡布（從中心撥開）
23

＊材料

表布、內側布各30×25cm　裡布、拼布棉各50×30cm　各色貼布縫
用布　25號繡線適量　塑膠板20×25cm　亞麻織帶（1.5cm寬）粉紅
色緞帶（0.3cm寬）各25cm

＊作法順序

於表布進行貼布縫、完成刺繡→表布、拼布棉、裡布重疊並壓線（內側
作法相同）→外側與內側正面相對疊合，縫合脇邊→縫份凹處剪牙口、
翻回正面→整理形狀、縫合底部3邊，放入塑膠板後將剩餘的1邊縫合→
將脇邊立起來縫合→於亞麻織帶上縫合粉紅色緞帶製作成提把→於外側
縫合固定提把→側身放入塑膠板後縫合開口。

＊重點

貼布縫的作法P.72　繡法P.41
預留開口部分的縫份1cm、脇邊的縫份0.7cm
塑膠板的尺寸，配合壓線後的主體調整大小

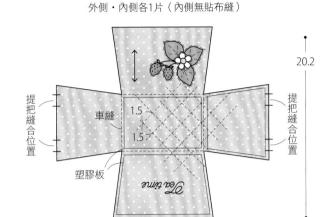

外側・內側各1片（內側無貼布縫）

20.2

提把縫合位置

車縫　1.5　1.5

塑膠板

23.2

組合方法

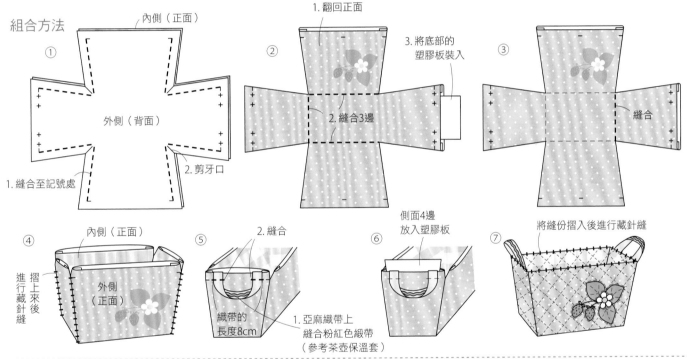

① 內側（正面）　外側（背面）
1.縫合至記號處
2.剪牙口

② 1.翻回正面　3.將底部的塑膠板裝入　2.縫合3邊

③ 縫合

④ 內側（正面）　外側（正面）　摺上來後進行藏針縫

⑤ 2.縫合　織帶的長度8cm　1.亞麻織帶上縫合粉紅色緞帶（參考茶壺保溫套）

⑥ 側面4邊放入塑膠板

⑦ 將縫份摺入後進行藏針縫

作法

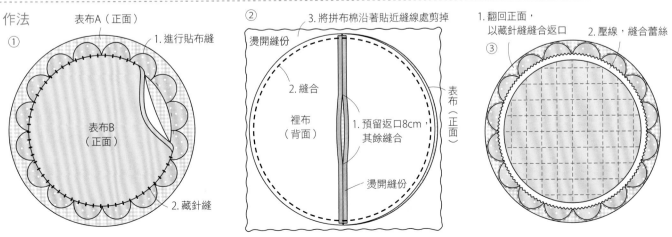

① 表布A（正面）　1.進行貼布縫　表布B（正面）　2.藏針縫

② 3.將拼布棉沿著貼近縫線處剪掉　燙開縫份　2.縫合　裡布（背面）　1.預留返口8cm其餘縫合　表布（正面）　燙開縫份

③ 1.翻回正面，以藏針縫縫合返口　2.壓線，縫合蕾絲

9

7 8

黃花波斯菊&三色菫手機袋

黃色花瓣的波斯菊與青色花瓣的三色菫,附有側身的設計,
手機拿進拿出都快速便利。16.5×10.5㎝

作法 P.11

子母釦設計,
可以掛在包包的提把上使用。

＊材料（1組份）
表布25×20cm　側身、提把用布10×50cm　裡布（包含擋布）、拼布棉各25×45cm　滾邊條 寬3.2cm的斜紋布80cm
各色貼布縫用布　25號繡線適量　蕾絲（0.8cm寬）45cm
鈕釦（2cm）、子母釦（1.5cm）各1個

＊作法順序
於表布進行貼布縫、完成刺繡→表布、拼布棉、裡布重疊並壓線（後片作法相同）→側身布也以拼布棉、裡布重疊並壓線、縫合蕾絲→前・後片與側身正面相對縫合→袋口以滾邊條處理→製作提把→將提把重疊於裡側縫合→縫合鈕釦與子母釦。

＊重點
貼布縫的作法P.72
繡法P.41
縫份以側身的裡布包捲處理
滾邊條的斜紋布作法、滾邊作法P.80
提把的2片表布之間夾縫拼布棉後以滾邊條包捲處理

作法

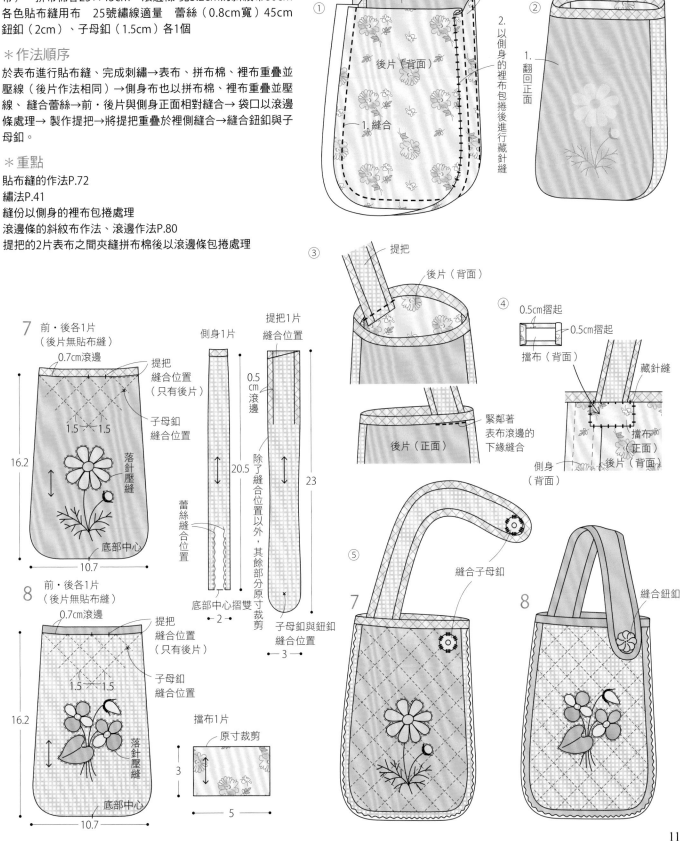

11

9

銀蓮花・玫瑰・向日葵壁飾

將春天到夏天開放的銀蓮花、玫瑰、向日葵三種花朵，
描繪出橢圓形的框架，收藏在同一個壁飾裡。
莖或葉子以刺繡與貼布縫等方式寫實的表現出來。
26×41㎝

作法 P.13

＊材料

表布40×25cm　台布20×35cm　飾邊A・B25×45cm　裡布、拼布棉各45×30cm　各色貼布縫用布　25號繡線　適量　水兵帶（0.7cm寬）120cm

＊作法順序

於台布進行貼布縫、完成刺繡→將台布疊於表布後進行藏針縫→重疊部分的表布剪掉→縫合飾邊A・B後完成主體表布→將拼布棉、主體表布、裡布重疊，預留返口後縫合四周→翻回正面並壓線→縫合水兵帶。

＊重點

貼布縫的作法P.72
繡法P.41

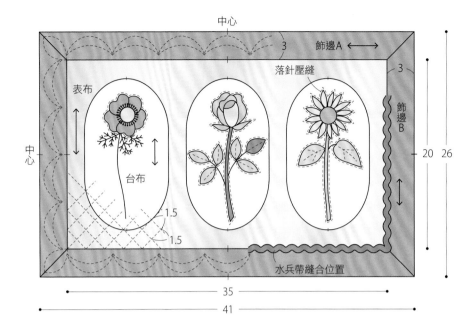

作法

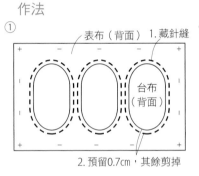

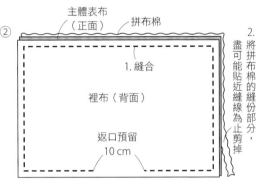

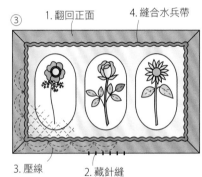

銀蓮花

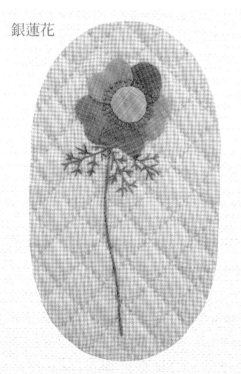

玫瑰

向日葵

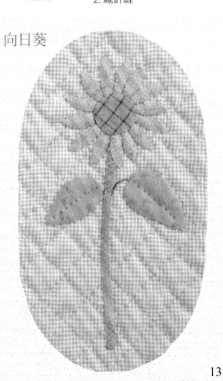

花朵の排列

數種類的花朵組合，或只有一種花的排列。
綻放出以貼布縫與刺繡描繪的花朵。

友禪菊＆薰衣草口金包

組合排列出清新的友禪菊與薰衣草。口金造型的提把，穿過固定於袋口處的蕾絲，袋口可以開得很大，是非常方便使用的設計。
19×17cm

作法 P.16

10

14

百花齊放肩背包

花朵與表布同色系的貼布縫，恰巧成為
融合一體的設計。抽象的圖形以刺繡裝
飾出趣味性。 29×30㎝

作法 P.17

11

＊材料
表布、拼布棉各30×50cm　裡布（包含側身縫份處理布）40×50cm　各色貼布縫用布　25號繡線適量　蕾絲（2cm寬）45cm　口金造型的提把（寬13cm）1個

＊作法順序
於表布進行貼布縫、完成刺繡→拼布棉、表布、裡布重疊，預留返口後縫合四周→翻回正面、縫合返口、壓線→將底部對摺，脇邊以捲針縫縫合→縫合側身底部→剪掉縫份、以斜紋布包捲進行藏針縫→縫合蕾絲→穿過口金提把金具。

＊重點
貼布縫的作法P.72
繡法P.41
縫合蕾絲時，請以細小針趾縫合

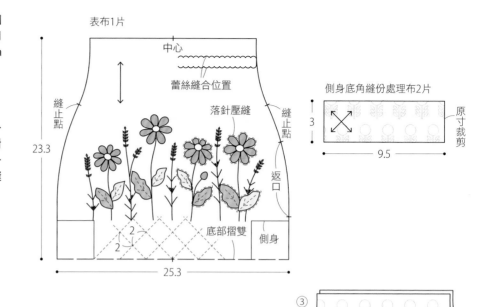

表布1片
中心
蕾絲縫合位置
落針壓縫
縫止點
縫止點
返口
23.3
底部摺雙
側身
2
2
25.3

側身底角縫份處理布2片
原寸裁剪
3
9.5

作法

① 縫合
拼布棉
表布（正面）
裡布（背面）
返口

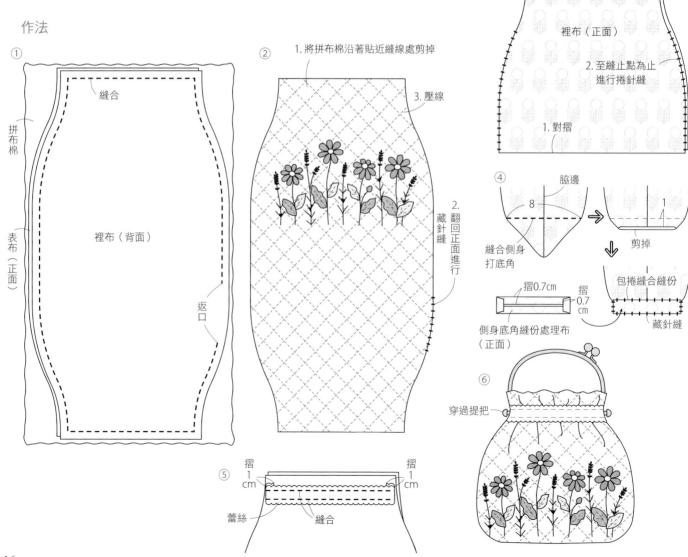

② 1. 將拼布棉沿著貼近縫線處剪掉
3. 壓線
2. 翻回正面進行藏針縫

③ 裡布（正面）
2. 至縫止點為止進行捲針縫
1. 對摺

④ 脇邊
8
縫合側身打底角
→
1
4
剪掉
包捲縫合縫份
藏針縫
摺0.7cm
摺0.7cm
側身底角縫份處理布（正面）

⑤ 摺1cm　摺1cm
蕾絲　縫合

⑥ 穿過提把

＊材料

表布65×35cm 側身用布90×15cm 裡布、拼布棉 各90×50cm 裡袋布（包含內口袋）90×75cm 滾邊條 寬3.2cm 的斜紋布70cm 各色貼布縫用布 布襯10×25cm 拉鍊（20cm）1條 25號繡線適量 隱形磁釦1組（直徑1.8cm） 提把（60cm）1組

＊作法順序

於表布縫上貼布縫、完成刺繡→裡布、拼布棉、表布重疊後壓線（側身、後片作法相同）→前‧後片、側身正面相對縫合四周→內口袋布貼襯、縫合拉鍊→製作內口袋B並縫合→縫合內口袋與內口袋側身→固定表袋身與內口袋的縫份（正面相對的表袋身與正面相對的內口袋對齊，縫份部分以粗針固定）、翻回正面→袋口以滾邊條縫合（提把也一起縫合）→固定隱形磁釦→裝入內口袋，滾邊部分以藏針縫固定）→縫合隱形磁釦的四周。

＊重點

貼布縫的作法P.72
繡法P.41
滾邊條的斜紋布作法、滾邊作法P.80

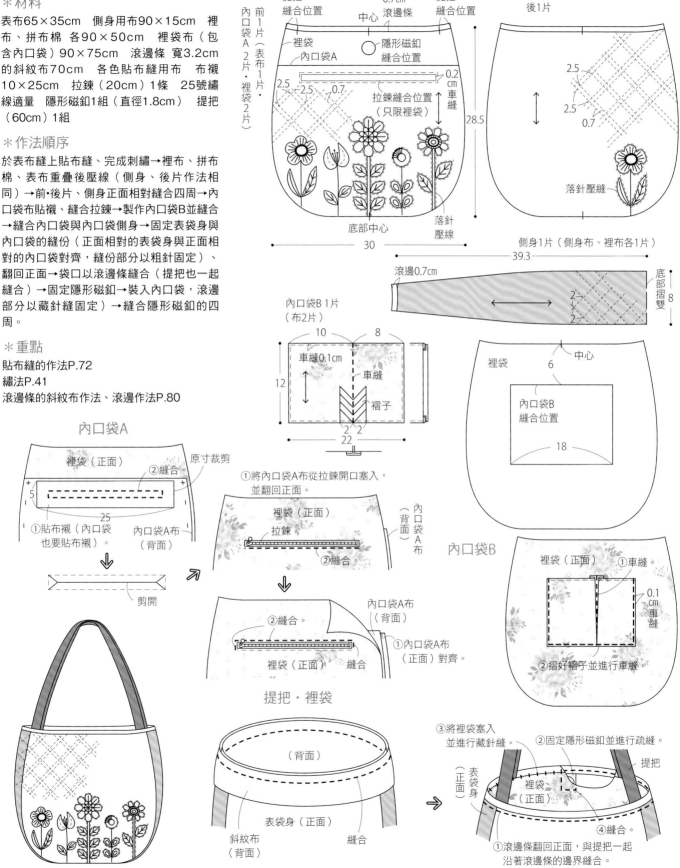

猶如花壇似的腳踏墊

並排「雁鳥形」的圖案，周圍的飾邊
開滿4種不同的花朵，變身成為既活
潑又繽紛的設計。 70×85cm

作法 P.19

12

＊材料

各式拼接用布　飾邊用布（包含滾邊條用寬3.2cm的斜紋布310cm）110×90cm　裡布、拼布棉各90×75cm　各色貼布縫用布　蕾絲（0.7cm寬）220cm　25號繡線適量

＊作法順序

製作12片拼接圖形，組合成1大片表布圖案→於飾邊進行貼布縫、完成刺繡→表布圖案與飾邊縫合，完成主體表布→裡布、拼布棉、主體表布重疊後壓線→四周滾邊處理→縫合蕾絲。

＊重點

貼布縫的作法P.72
繡法P.41
滾邊條的斜紋布作法、滾邊作法P.80
貼布縫依照①至④順序配置一圈。

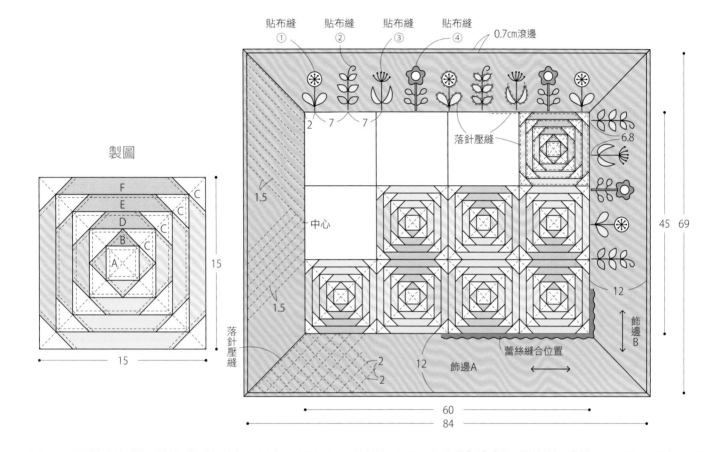

製圖

細莖以輪廓繡、粗莖以鎖鍊繡與貼布縫來表現。

梔子花手冊套

漂亮的南國之花，白色花瓣是它的特色，將梔子花
排列於中心以駝色底布襯托出來。基底以茶色系將
白色花瓣襯托得更立體。 20×13.5cm

作法 P.21

13

打開裡面有拉鍊口袋、8張卡
片的收納空間、2層夾層可放
手冊。

＊材料

表布、裡布、拼布棉各30×25cm　口袋布90×25cm　滾
邊條 寬3.2cm的斜紋布100cm　各色貼布縫用布　蕾絲
（0.7cm寬）100cm　蕾絲拉鍊（20cm）1條　附金屬皮釦
（9×2cm）1組

＊作法順序

於表布進行貼布縫→裡布、拼布棉、表布重疊後壓線→拉鍊端
的布邊三摺車縫、車縫拉鍊→摺疊卡片收納口袋、車縫摺疊
端、車縫中央→於裡布側疊上拉鍊口袋與卡片收納口袋、四周
縫合滾邊→縫合蕾絲→縫合金屬皮釦。

＊重點

貼布縫的作法P.72
滾邊條的斜紋布作法、滾邊作法P.80
金屬皮釦要避開口袋布，滾邊部分的針趾不要縫出表面。

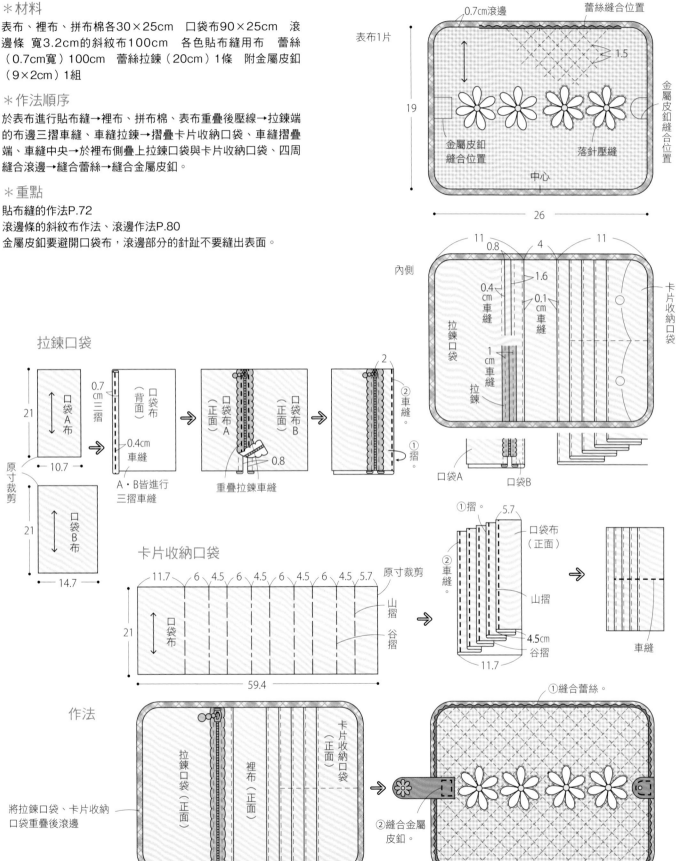

14

幸運草縫紉盒&針插

裡面加入塑膠板非常扎實挺立的縫紉盒，附上提
把方便隨時移動。長形側面的單邊上，熱鬧的排
列著幸運草，另一面靜悄悄的開著小花。中間有
隔間，搭配成整組的車線軸剛剛好可以收納。

縫紉盒　15×28×8㎝
針插　6×6×2.5㎝

作法 P.24

Flower applique

15

提把的單邊縫合子母釦，可以將它打開，側面像
這樣設計成可以開闔的構造，線軸是一個一個有
棉繩固定的設計。

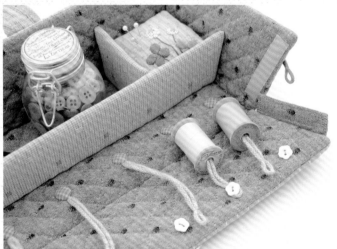

線軸穿過繩子後掛在鈕釦上。側面則
是以魔鬼氈與繩環固定。

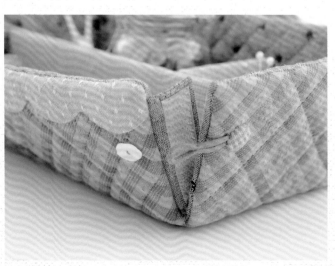

＊材料

表布70×40cm　口布10×35cm　內側布（包含表布底面、貼邊布）70×35cm　貼邊布30×25cm　提把布（包含滾邊條）30×35cm　裡布90×35cm　各色貼布縫用布　拼布棉 90×50cm　包釦用布10×10cm　蕾絲（0.5cm寬）70cm　麻繩（粗0.3cm）110cm　花形鈕釦（1cm）7個　塑膠板50×25cm　包釦（1.2cm）7個　包釦（1.8cm）2個　布襯15×10cm　子母釦（1.4cm）1個　魔鬼氈（1.3cm寬）6cm　25號繡線適量　繩子（粗0.3cm）20cm

＊作法順序

表布疊上口布進行藏針縫，完成貼布縫與刺繡→側面與底面從記號縫至記號處，重疊裡布、拼布棉並進行壓線（內側也相同作法）→製作貼邊並進行疏縫固定於內側→表側與內側正面相對縫合→內側的凹處部分剪牙口後翻回正面→縫合底部3邊→縫合固定麻繩→製作隔間並縫合於內側底部→於底部放入塑膠板、剩餘的一邊縫合→將隔間立起縫合A‧B→將表布站立縫合脇邊→製作提把，製作、縫合包釦→將側面塑膠板放入、縫合→縫合內側邊的鈕釦、繩子、包釦→於提把上縫合子母釦與包釦。

＊重點

貼布縫的作法P.72
繡法P.41
裁剪開口的縫份1cm、脇邊的縫份0.7cm
塑膠板配合壓線後的表布調整尺寸
包釦的作法於P.28
提把是將拼布棉夾於2片布中間壓線後滾邊處理。

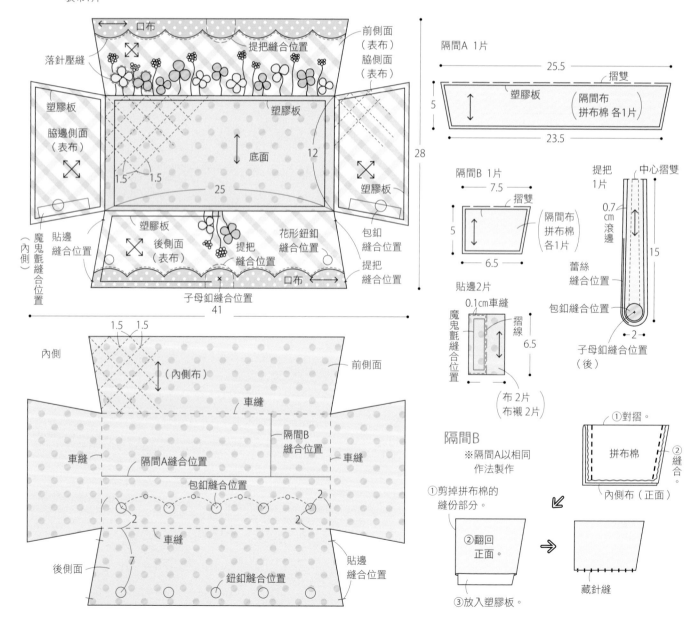

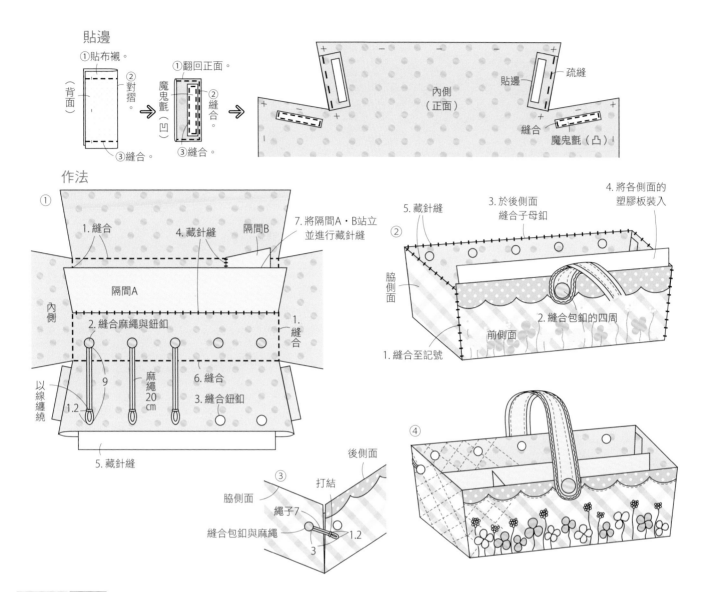

貼邊

①貼布襯。
（背面）
②對摺。
③縫合。

→

①翻回正面。
②縫合。
③縫合。
魔鬼氈（凹）

內側（正面）
疏縫
貼邊
縫合
魔鬼氈（凸）

作法

①
1. 縫合
4. 藏針縫
隔間B
7. 將隔間A．B站立並進行藏針縫
隔間A
內側
2. 縫合麻繩與鈕釦
1. 縫合
9
麻繩20cm
6. 縫合
3. 縫合鈕釦
以線纏繞
1.2
5. 藏針縫

②
5. 藏針縫
3. 於後側面縫合子母釦
4. 將各側面的塑膠板裝入
脇側面
前側面
2. 縫合包釦的四周
1. 縫合至記號

③
脇側面
繩子7
縫合包釦與麻繩
3
打結
後側面
1.2

④

P.22 15 幸運草針插 原寸紙型A面④

＊材料

表布（包含後布）20×10cm　各色貼布縫用布　底布10×10cm　拼布棉15×10cm　蕾絲（0.5cm寬）25cm　塑膠板5.5×5.5cm　25號繡線、手藝棉各適量

＊作法順序

於表布貼布縫、完成刺繡→重疊裡布、拼布棉、表布並壓縫→表布與後布正面相對縫合四周→縫合側身→翻回正面、塞入棉花縫合→於底布將拼布棉、塑膠板重疊包住→縫合於表布的底部→將蕾絲縫合於四周。

＊重點

貼布縫的作法P.72
繡法P.41

作法

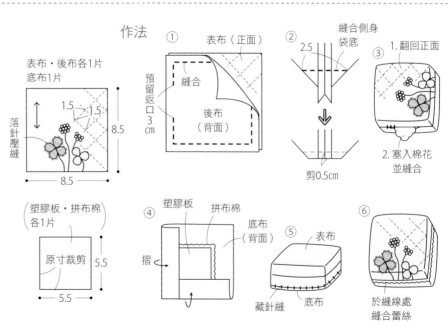

①
表布・後布各1片
底布1片
落針壓縫
1.5 1.5
8.5
8.5

表布（正面）
縫合
預留返口3cm
後布（背面）

②
縫合側身
袋底
2.5
剪0.5cm

③
1. 翻回正面
2. 塞入棉花並縫合

塑膠板・拼布棉各1片
原寸裁剪
5.5
5.5

④
摺
塑膠板
拼布棉
底布（背面）

⑤
底布
表布
藏針縫
底布

⑥
於縫線處縫合蕾絲

17

16

花田細褶化妝包 &
氣球形手拿包

於「祖母的花園」的表布拼布圖案上,添加貼布縫
與包釦、刺繡成為立體的花飾。化妝包使用褶子與
細褶營造出蓬鬆感;手拿包使用4片有弧形的側
身,製造出氣球形豐潤的款式。

化妝包　20.5×23cm　作法 P.28
手拿包　23×25cm　作法 P.27

＊材料

表布100×30cm　中央、提把用布45×30cm
各色貼布縫用布（包含包釦用布）　滾邊條用
3.2cm寬斜紋布50cm　裡布（包含內口袋、
擋布）、拼布棉各110×30cm　蕾絲（0.6cm
寬）100cm　包釦（1.2cm）8個
25號繡線適量　內襯紙型（1邊1cm的六角形型
版）28片

＊作法順序

接連六角形→縫合表袋身A與中央、疊上六角形
進行藏針縫→將與六角形重疊的中央布剪掉→縫
合包釦、完成貼布縫、刺繡→裡布、拼布棉、表
袋身A重疊後壓線（製作2片）→縫合蕾絲→同
樣的表袋身B製作2片→底部壓線→表袋身A、B
正面相對縫合→ 表袋身與底部正面相對縫合→
袋口滾邊處理→ 製作提把→ 製作內口袋並縫合
→ 縫合提把。

＊重點

六角形的作法參考P.28以拼布紙型的方式接連。
原寸紙型P.28
包釦的作法P.28
貼布縫的作法P.72
繡法P.41
縫份以裡布包捲處理。

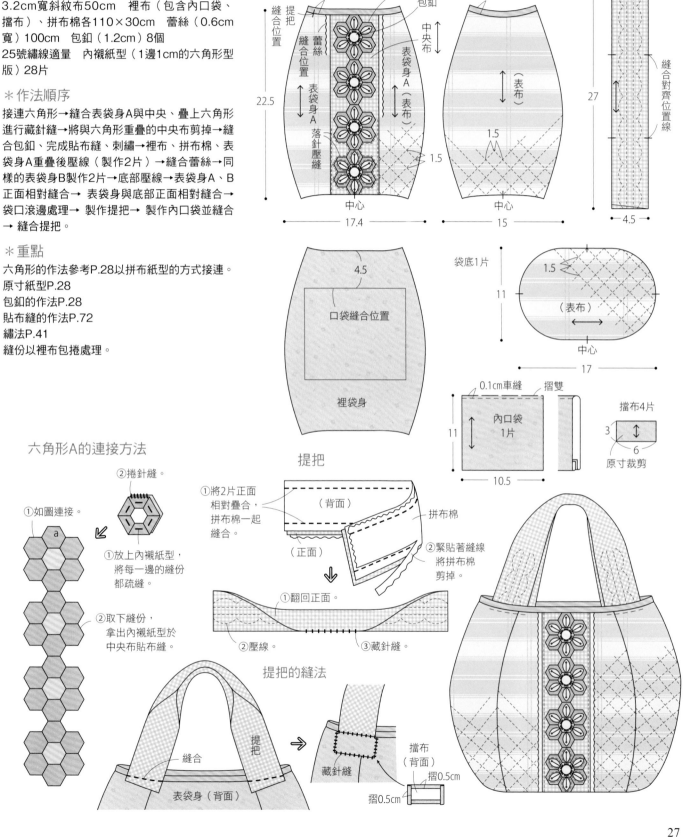

P.26 細褶化妝包

＊材料

各色貼布縫用布　上半部用布30×25cm　下半部用布35×30cm　拼布棉65×35cm　裡布80×35cm（包含袋口的滾邊部分）　0.8cm寬蕾絲95cm　20cm拉鍊1條　直徑1.2cm包釦8個　喜愛的拉鍊吊飾1個　1邊1cm的正六角形型版28片　25號駝色・黃色繡線適量

※上半部與下半部的原寸紙型C面②
※貼布縫的作法P.73、P.74
※繡法P.41

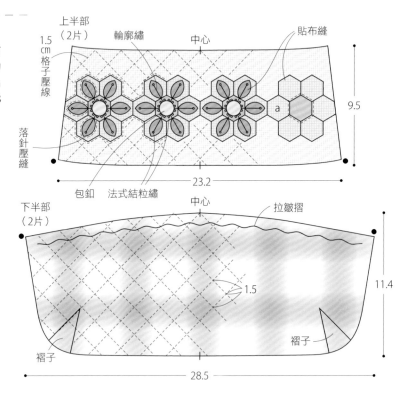

原寸紙型　　　　　**包釦**

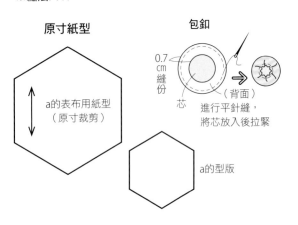

a的表布用紙型
（原寸裁剪）

a的型版

0.7cm縫份
芯
進行平針縫，將芯放入後拉緊
（背面）

六角形的圖形以型版製作

以布片將紙型同樣大小的紙（使用明信片左右的厚度，市售品會很方便）包裹，製作六角形的圖形。可以作出漂亮的角是它的優點。

布片（背面）
型版（紙）

1. 以表布用紙型原寸裁剪布片，於布片的背面放上型版（紙）

2. 沿著紙型摺布片的一邊，將針從表側穿入。摺下一邊，於摺痕處只挑布料將針穿入。

摺痕的方向調整為同一方向

3. 反覆步驟2，最後一邊的角，將方向調整為與其他的角相同。於起針地方的旁邊將針穿出，打止縫結。

側面於角的內穿出

4. 將圖形一邊一邊的連接。將2片正面相對疊合，對齊邊後從裡面將針穿入再從圖形的邊端（靠角的最內側）穿出。

5. 挑起布端進行捲針縫。首先、第一針回針縫（左）於另一邊角為止進行捲針縫，回針縫後打止縫結。

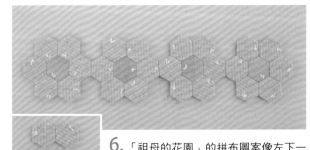

6. 「祖母的花園」的拼布圖案像左下一樣，完成3組後再一起縫合。圖案製作4組，連接成一列後熨燙、拆線。將型版取出可重覆多次使用。

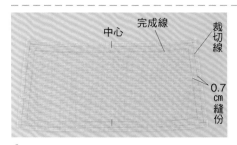

1. 於表袋身上作記號，裁剪上半部，完成線與縫份0.7cm的裁切線也作記號，裁剪裁切線的0.5cm左右的外側，六角形圖案的貼布縫使用軟式手藝用轉寫紙描繪（參考P.73）。

將邊端布片的縫份預先打開。

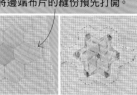

2. 圖案貼布縫完成後，裡側的台布如右下圖一樣裁剪掉。

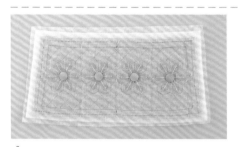

3. 於圖案上貼布縫與刺繡，花瓣、花蕊的包釦依序完成貼布縫與刺繡。

4. 作出格子壓線的記號後，依照裡布、拼布棉、表袋身的順序重疊，三層一起疏縫。

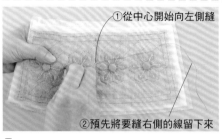

①從中心開始向左側縫
②預先將要縫右側的線留下來

5. 從圖案的落針壓縫開始。從中心開始下針向左側進行壓線，這時候將要縫右側的線，預先留下足夠的長度。

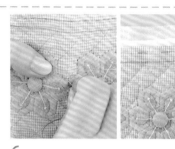

6. 慣用手的中指套上頂針，以頂針將針頭邊頂出邊2至3針進行挑針壓線，將壓線進行至完成線為止。

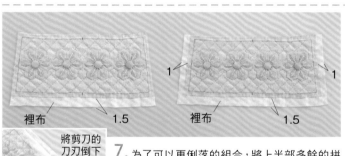

裡布　1.5
裡布　1.5
1
1
將剪刀的刀刃倒下

7. 為了可以更俐落的組合，將上半部多餘的拼布棉剪掉。首先將縫份撥開，將拼布棉貼近完成線剪掉後，縫份以疏縫線縫合，剪開表袋身的裁切線。裡布要作縫份處理，所以各依上圖的方式預留與裁剪。

（背面）

8. 將2片正面相對重疊對齊布端，為了要先縫合脇邊，在靠近脇邊但不會車縫到的位置上以珠針固定。

9. 車縫脇邊的布端向內側0.7cm的位置。

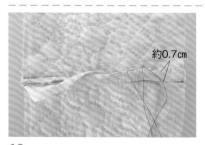

約0.7cm

10. 脇邊的縫份以預留的裡布包捲處理，壓平後進行藏針縫。

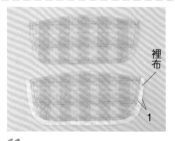

裡布　1

11. 將下半部的表布完成壓線，與上半部的步驟7同樣方式，剪掉多餘的拼布棉、剪開裡布裁切線位置，只有其中一片像下圖一樣預留要包捲的部分。

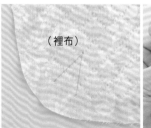

（裡布）

12. 將褶子於背面作記號，正面相對摺疊，此時像右圖以錐子在摺痕處劃線，可完成更漂亮的褶子。

（背面）

13. 將記號以珠針固定後車縫，縫始點與縫止點必需進行回針縫。

14. 褶子縫合完成。

15. 將2片正面相對疊合，對齊表布的布邊，於不妨礙車縫的位置固定珠針，褶子交錯傾倒。

 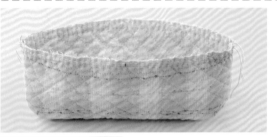 

完成線

16. 從布邊0.7cm位置處車縫，有厚度的褶子部分以錐子壓住車縫，接著將縫份以與步驟10相同的方式包捲後進行藏針縫。

17. 為了使細褶平均分布，以雙股疏縫線平針縫於完成線的上下兩側。

18. 2條線同時拉緊，將細褶整理出均等的皺褶（配合上半部的長度將褶子平均分配）。

上半部
（背面）

19. 與縫成桶狀的上半部正面相對疊合對齊表布的布邊，各自將中心點與脇邊（●）對齊後以珠針固定。

20. 拉緊線要完全與上半部等長，以錐子將褶子均等分配整理。

21. 以2股的疏縫線疏縫固定。於下側平針縫的上面一點點，重點在於「以較細的針趾壓縫細褶厚度」的感覺來疏縫。

 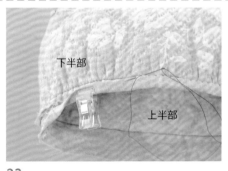 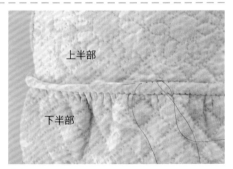

下半部

上半部

上半部

下半部

22. 從布邊0.7cm內側處開始，以縫紉機車縫一圈，均等的分散褶子，為了使褶子不要滑動，於壓腳前方以錐子壓住推至後方車縫。

23. 縫份以上半部預留的裡布包捲後進行藏針縫。

24. 接著將包捲縫合完成的縫份向上半部傾倒，並再一次以藏針縫固定，請以不影響表層的方式縫合。

對齊布邊

1cm

25. 處理袋口。首先將原寸裁剪的寬2.5cm滾邊條與袋口正面相對疊合，並對齊布邊。滾邊條的邊端摺起1cm。

26. 將縫紉機的桌面取下，以可桶狀車縫的狀態，從布邊0.7cm內側處開始車縫。

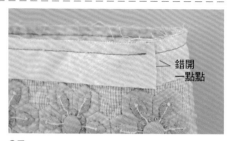

錯開一點點

27. 始縫點與止縫點重疊車縫，錯開一點點將多餘的部分剪掉。

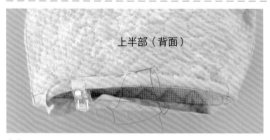

上半部（背面）

28. 將滾邊條反摺至袋口的縫線位置，縫份以滾邊條包捲後進行藏針縫，此時，請將滾邊條控制在向袋口內側多0.1cm。

縫合2處

29. 於上半部的下方縫合固定蕾絲。稍稍拉一下蕾絲的寬幅，將蕾絲的上半邊重疊於上半部，以珠針固定，以星止縫縫合2處，蕾絲的邊端約重疊1cm進行藏針縫，袋口也以同樣方式縫合蕾絲。

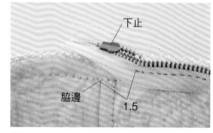

（拉鍊的）上止 0.7 脇邊

下止

脇邊

1.5

30. 縫合袋口拉鍊時，返回表面的狀態下從內側縫合拉鍊，這樣縫合的拉鍊更紮實可以避免鬆弛，首先從上止處開始，將袋口與拉鍊的鍊齒對齊，並使用疏縫夾固定。沿著織紋線以回針縫縫合固定。

31. 下止側從脇邊的前方1.5cm處開始進行縫合。

32. 另一端的拉鍊也與步驟30同樣方式，從上止側開始先以疏縫夾固定後，再從下止側開始縫合固定。

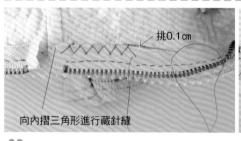

挑0.1cm

向內摺三角形進行藏針縫

33. 拉鍊的邊端摺三角形進行藏針縫，線不要剪掉直接於邊端進行千鳥縫，另一端的拉鍊處，從下止側開始進行千鳥縫，邊端摺三角形進行藏針縫。

盡情描繪花朵之美

宛如插花一樣,將各式各樣色彩繽紛的花朵與葉片描寫匯集成花圈、花籃、捧花等。
也非常推薦包裝成禮品當禮物。

18

玫瑰裝飾框

盛開玫瑰、含苞待放玫瑰、紅色野春菊與蠟菊
的葉片組合排列成花圈狀,以茶色當成基本底
色,賦予人們渾然天成的感受。
內部尺寸30×30cm

作法 P.38

19

繡球花壁飾

粉紅與紅紫的花朵作成半圈式花圈，中心部分放上較大的花朵營造出既豐富又端莊的感覺。
41×29.5㎝

作法 P.38

德國洋甘菊&薄荷壁飾

「愛爾蘭鎖鍊拼布」的表布圖案裡，透視出德國洋甘菊與薄荷的裝飾。薄荷的花朵以繡線、德國洋甘菊的花瓣以緞帶刺繡、中心的盆栽以貼布繡的方式表現。
62×62cm

作法 P.40

21

三色菫花籃壁飾

表現出從花籃裡盛開溢出的三色菫。非常單純的設計,將重點凝聚在提把、籃身,以拼布壓線營造出編織花樣後,變身成為時尚的設計。 32.5×26cm

作法 P.39

以法式結粒繡描寫出來的薄荷花宛如實體花朵。

玫瑰、野春菊、薰衣草、鬱金香……喜歡的花朵綻放到飾彩花圈裡。花圈中心與四周圍以壓線方式呈現出羽毛圖案，再以蕾絲與緞帶裝飾出羅曼蒂克的氣氛。 53×53㎝

作法 P.41

22

五葉地錦

野春菊

玫瑰

薫衣草

鬱金香

海芋

地中海莢

木荷

＊材料

表布A35×35cm　表布B35×20cm　各色貼布縫
用布　滾邊條寬3.2cm的斜紋布130cm　裡布、拼
布棉各35×45cm　蕾絲（0.6cm寬）65cm　25號
繡線適量

＊作法順序

於表布A縫合貼布縫、完成刺繡→與表布B縫合完成
主體表布→將裡布、拼布棉、主體表布依序重疊後
壓線→於表布A與B的縫線上縫合固定蕾絲→四周以
滾邊條包捲處理。

＊重點

貼布縫的作法P.72
繡法P.41
滾邊條的斜紋布作法、滾邊作法P.80

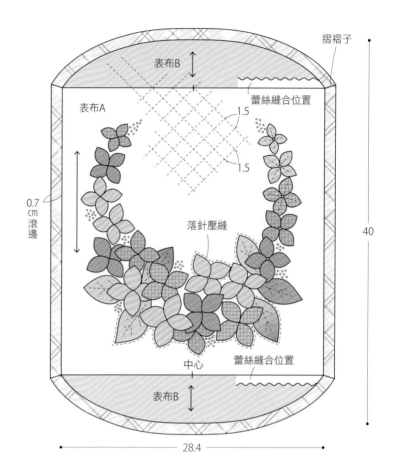

＊材料

表布、裡布、拼布棉各40×40cm　各色貼布縫用
布　25號繡線適量框（內寸30×30cm）1個

＊作法順序

於表布縫合貼布縫、完成刺繡→將裡布、拼布棉、
表布依序重疊後壓線→框板的四周貼雙面膠後，將
主體貼上→周圍多餘的布剪掉→裝上框架。

＊重點

貼布縫的作法P.72
繡法P.41

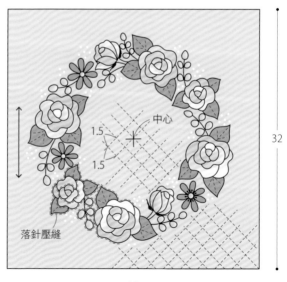

＊材料

表布30×35cm　花籃用布20×10cm　各色貼布
縫用布　花籃用寬1.2cm滾邊條75cm　滾邊條寬
3.2cm的斜紋布95cm　裡布、拼布棉各40×30cm
蕾絲（1cm寬）95cm　25號繡線適量

＊作法順序

於表布進行貼布縫、完成刺繡→將裡布、拼布棉、
表布依序重疊後壓線→四周以滾邊條包捲處理→縫
合蕾絲。

＊重點

貼布縫的作法P.72
繡法P.41
滾邊條的斜紋布作法、滾邊作法P.80

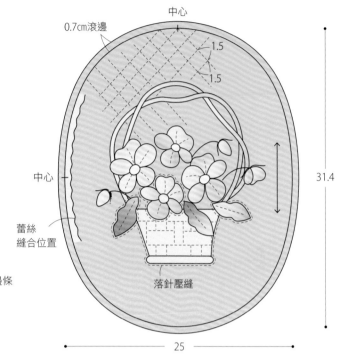

中心

0.7cm滾邊

1.5

1.5

中心

31.4

蕾絲
縫合位置

落針壓縫

25

花籃滾邊條的
縫法

原寸裁剪1.2cm寬的滾邊條

摺0.3cm

0.6

滾邊條的貼布縫方法
請參考P.73

作法

裝上外框

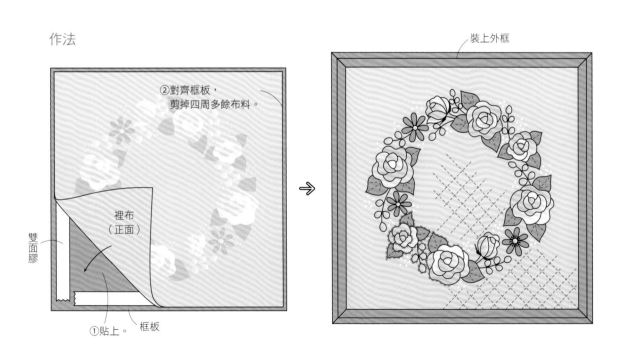

②對齊框板，
　剪掉四周多餘布料。

裡布
（正面）

雙
面
膠

①貼上。　框板

＊材料
各式拼接用布　各色貼布縫用布　飾邊A用布20×55cm
飾邊B用布40×65cm　　滾邊條寬3.2cm的斜紋布
260cm　裡布、拼布棉各65×65cm　蕾絲（1cm寬）
200cm　緞帶刺繡用0.35cm寬　緞帶25號繡線適量

＊作法順序
將A的布片拼縫成表布圖案⑤→將A至C的布片拼縫成表布圖案⑥、⑦、完成
貼布縫與刺繡→縫合表布圖案⑤至⑦，對齊縫合飾邊A、B→飾邊B完成刺繡
→將裡布、拼布棉、表布依序重疊後壓線→四周以滾邊條包捲處理→於飾邊A
縫合固定蕾絲。

＊重點
貼布縫的作法P.72
繡法P.41
滾邊條的斜紋布作法、滾邊作法P.80

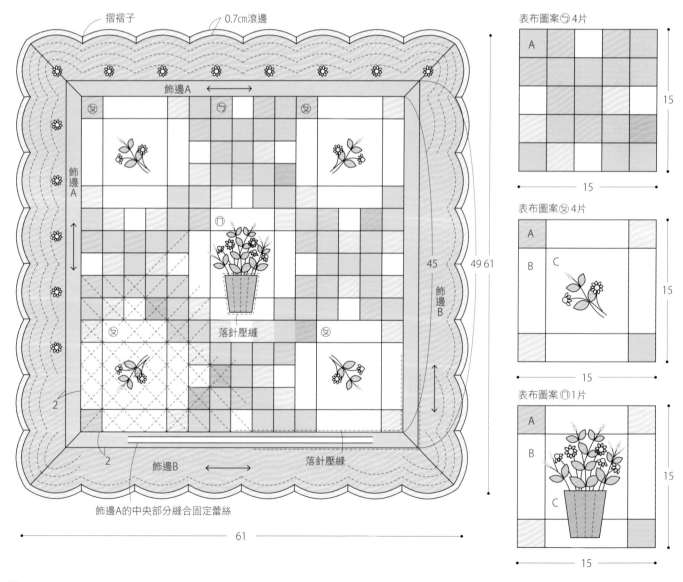

摺褶子　　　0.7cm滾邊
飾邊A
飾邊A
落針壓縫
飾邊B
2
飾邊B
落針壓縫
2
飾邊A的中央部分縫合固定蕾絲
61
45　49 61

表布圖案⑤4片
A
15
15

表布圖案⑥4片
A
B　C
15
15

表布圖案⑦1片
A
B
C
15
15

＊材料

表布、裡布、拼布棉各55×55cm　各色貼布
縫用布　滾邊條用　寬3.2cm的斜紋布220cm
邊緣蕾絲（3cm寬）　緞面緞帶（0.6cm寬）
各220cm　25號繡線適量

＊作法順序

於表布完成貼布縫與刺繡→將裡布、拼布棉、
表布依序重疊後壓線→四周以滾邊條包捲處理
→將緞面緞帶穿入蕾絲，縫合固定於四周。

＊重點

貼布縫的作法P.72
繡法P.41
滾邊條的斜紋布作法、滾邊作法P.80
羽毛的拼布圖案請配置對齊於表布的四個角
落。
蕾絲的角度請摺疊於邊框的角落。

0.7㎝滾邊

中心

落針壓縫

蕾絲縫合位置

1.5　1.5

1.5

51.5

51.5

蕾絲裝飾

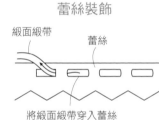

緞面緞帶

蕾絲

將緞面緞帶穿入蕾絲

繡法　※S是繡法的簡稱

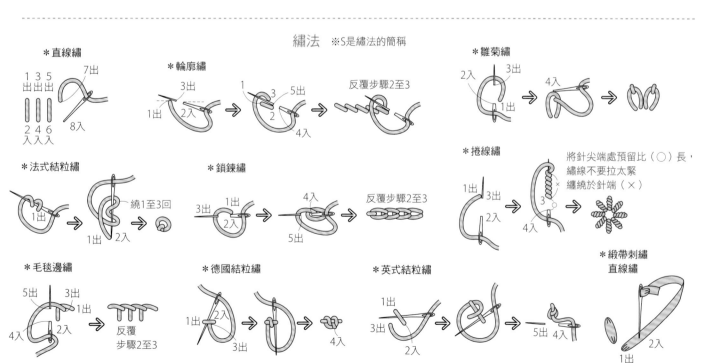

＊直線繡

1出　3出　5出
7出
8入
2入　4入　6入

＊輪廓繡

3出
1出　2入
5出
1　3
2
4入
反覆步驟2至3

＊雛菊繡

2入　3出
1出
4入

＊法式結粒繡

1出
繞1至3回
1出　2入

＊鎖鍊繡

3出　1出
2入
4入
5出
反覆步驟2至3

＊捲線繡

1出　3出
2入
3
4入
將針尖端處預留比（○）長，
繡線不要拉太緊
纏繞於針端（×）

＊毛毯邊繡

5出　3出
1出
4入　2入
反覆
步驟2至3

＊德國結粒繡

1出　2入
3入
4入

＊英式結粒繡

1出
3出
2入
5出　4入

＊緞帶刺繡
直線繡

1出　2入

23

三色菫&鬱金香
花束壁飾

將春天的花朵幻化成花束。搭配大葉片使整體看
起來更有重點,組合成毫不做作至讓花莖自然露
出,蝴蝶結也只露出緞帶邊端的設計。
31×26cm

作法 P.43

42

＊材料

表布、裡布、拼布棉各30×35cm　各色貼布縫
用布　滾邊條用寬3.2cm的斜紋布110cm　水兵
帶（1cm寬）85cm

＊作法順序

於表布完成貼布縫→將裡布、拼布棉、表布依序
重疊後壓線→四周以滾邊條包捲處理→於表布後
方縫合固定水兵帶。

＊重點

貼布縫的作法P.72
滾邊條的斜紋布作法、滾邊作法P.80

水兵帶的縫合方法

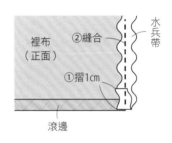

裡布
（正面）

②縫合

①摺1cm

水兵帶

滾邊

0.5

中心

水兵帶
縫合位置

落針壓縫

0.7

2.5

2.5

0.7cm滾邊

30

25

插花圖案的建議

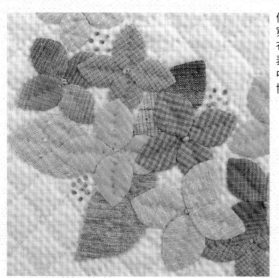

倘若只有1種花，將花朵
穿插搭配有大有小的貼
布繡圖案，並以刺繡來
表現花苞，添加於其
中，使整體更加平衡與
協調。

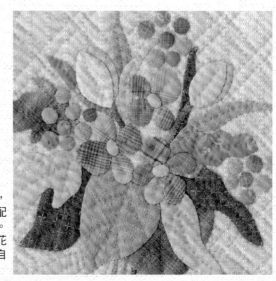

多種類花朵的插花圖案，
決定主角後在它周圍搭配
襯托的配角花朵與果實。
葉子多一點可以襯托出花
朵的豔麗，並給人更加自
然的印象。

婚禮用迎賓框飾

以白色與綠色為基調，將香水百合、鐵線蓮、聖星百合、蔓生百部、白色橙花等當成貼布繡的題材。配合婚禮的布置，設計出高貴典雅的裝飾婚禮用迎賓框飾。

內框尺寸34.5×41.5㎝

作法P.48

24

25

香水百合

鐵線蓮

聖星百合　　　橙花

戒枕

以貼布繡與緞帶刺繡，描繪出散落著白色橙花的戒枕，使用緞帶蝴蝶結、仿珍珠、蕾絲更加絢麗耀眼。
9×13cm

作法 P.49

傳說中，橙花是第一個穿上婚紗禮服的維多利亞女王——她的花冠上使用的花朵，挑選花語或是有相關故事題材的花朵。

花朵婚禮用迎賓框飾

裝飾著大大小小色彩繽紛的花朵，以滾邊條包
邊處理後貼在框板上、玄關或者是派對會場等
都能帶來華麗感。 26×41cm

作法 P.47

＊材料

表布A45×30cm　表布B25×15cm　裡布、拼布棉各45×30cm　各色貼布縫用布　滾邊條用寬3.2cm的斜紋布140cm　蕾絲（0.6cm寬）65cm　花樣蕾絲（1.1cm）6片　25號繡線適量　軟木塞板（內寸26×41cm）1個

＊作法順序

於表布A重疊上表布B並進行藏針縫固定→剪下表布A重疊部分→於縫合線上固定蕾絲→完成貼布縫與刺繡→將裡布、拼布棉、表布依序重疊後壓線→縫合固定花樣蕾絲→四周以滾邊條包捲處理→於軟木塞板上貼雙面膠固定。

＊重點

貼布縫的作法P.72
繡法P.41
壓線後原寸裁剪26×41cm
滾邊條的斜紋布作法、滾邊作法P.80

表布A裁剪方法

＊材料

表布、裡布、拼布棉各50×40cm　各色貼布縫
用布　25號繡線適量緞帶刺繡用0.35cm寬緞帶
適量　可卸取式框架（內寸34×41.5cm）1個

＊作法順序

於表布完成貼布縫與刺繡→將裡布、拼布棉、表
布依序重疊後壓線→於框架板的四周貼上雙面膠
黏合裡布正面→剪掉四周多餘的布料→固定於框
架。

＊重點

貼布縫的作法P.72
繡法P.41
花朵圖案分別在正面的兩端，請配合框架尺寸置
中擺放
將文字分成兩行進行貼布縫。

落針壓縫

1.5　1.5

37

45

作法

②配合框架板
　將四周多餘剪掉

裡布
（正面）

雙面膠

①貼

框架板

裝上框架

48

＊材料

表布50×15cm　各色貼布縫用布　拼布棉
25×15cm　25號繡線適量　緞帶刺繡用
0.35cm寬緞帶適量　蕾絲（1.5cm寬）50cm
緞面緞帶（0.6cm寬）55cm　仿珍珠（直徑
0.6cm）2個　固定釦（直徑0.7cm）2個　手工
藝棉適量

＊作法順序

於一片表布完成貼布縫→疊上另一片表布完成刺
繡→疊上拼布棉並壓線→縫合緞面緞帶→於表布
重疊拼布棉，正面相對縫合→返回正面塞入棉
花，並將返口進行藏針縫→四周縫合固定蕾絲→
縫合固定仿珍珠（於背面縫合固定釦）

＊重點

貼布縫的作法P.72
繡法P.41

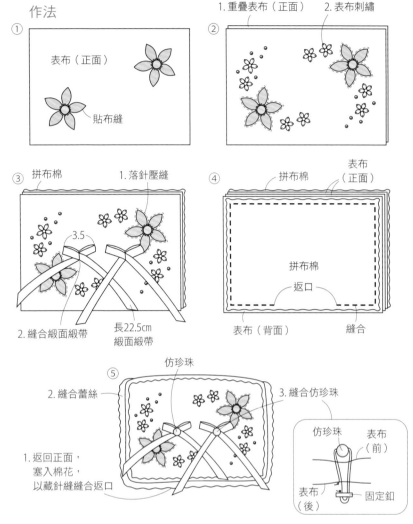

作法

① 表布（正面）　貼布縫

② 1. 重疊表布（正面）　2. 表布刺繡

③ 拼布棉　1. 落針壓縫　3.5　2. 縫合緞面緞帶　長22.5cm緞面緞帶

④ 拼布棉　表布（正面）　拼布棉　返口　表布（背面）　縫合

⑤ 仿珍珠　2. 縫合蕾絲　3. 縫合仿珍珠　1. 返回正面，塞入棉花，以藏針縫縫合返口

仿珍珠　表布（前）　表布（後）　固定釦

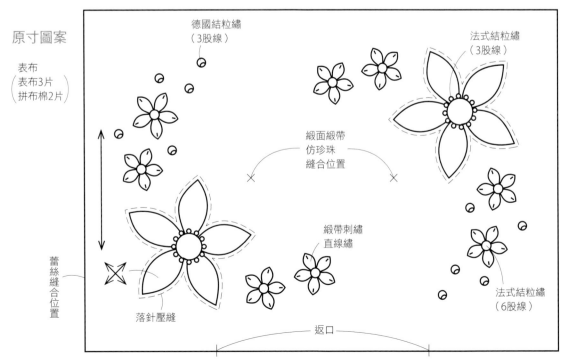

原寸圖案

表布
（表布3片）
（拼布棉2片）

德國結粒繡（3股線）

法式結粒繡（3股線）

緞面緞帶
仿珍珠
縫合位置

緞帶刺繡
直線繡

法式結粒繡（6股線）

蕾絲縫合位置

落針壓縫

返口

描繪不為框限の 立體花卉 貼布縫

花瓣或葉片超出布邊，像印模一樣的貼布縫，看起來更有立體感。
繡滿盛開的花朵或是單一朵花都非常有趣。

27

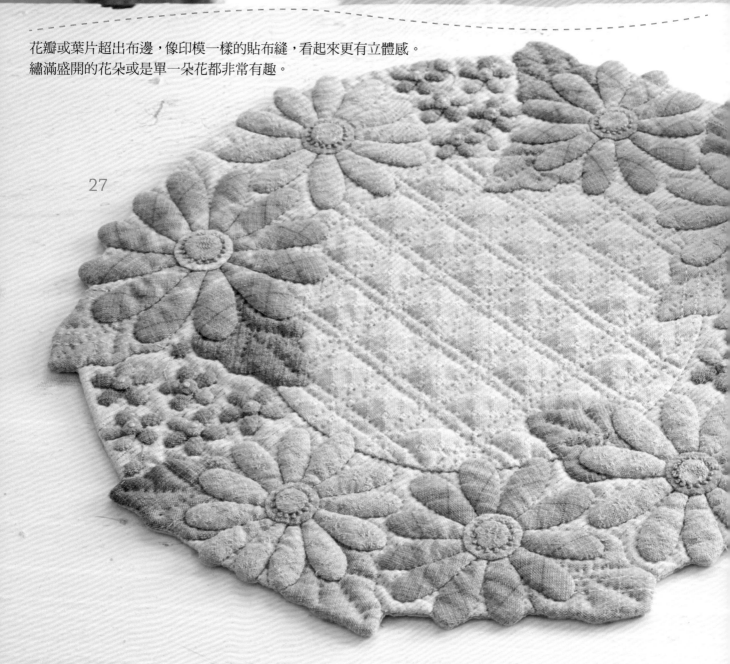

非洲菊&藍星花花飾桌墊&三色堇花飾小桌墊

以花環作為印象，設計出花飾桌墊與花飾小桌墊，為了方便放置器皿中心只以一片素
面布材，大朵的非洲菊搭配小小的藍星花突顯出菊花的亮麗，三色堇以各種紫色系的
先染布搭配出有深度的成熟嫵媚感。 No.27 寬32㎝ No.28 寬25㎝

作法 P.54

28

使用於意想中的日常の
花飾桌墊系列

色彩繽紛的花飾桌墊，
增添招待客人的奢華感。

玄關處放置鑰匙或小物的
花飾小桌墊。

放置項鍊或飾品，
化妝台上的花飾小桌墊。

53

＊No.27材料
表布A、拼布棉各35×35cm　裡布40×40cm　表布B25×25cm　各色貼布縫用布　25號繡線適量

＊No.28材料
表布A、裡布、拼布棉各30×30cm　表布B20×20cm　各色貼布縫用布

＊作法順序
將表布B重疊於表布A，並進行藏針縫→完成貼布縫、刺繡（No.27）→預留返口後，縫合完成裡布中央接縫→描繪裡布四周的線條後與表布正面相對縫合→重疊拼布棉，並於四周進行全回針縫→將拼布棉沿著貼近縫線處剪掉，剪牙口後從返口處翻回正面→整理表布的形狀，縫合返口→壓線。

＊重點
貼布縫的作法P.72
繡法P.41
作法P.57
將表布A與B的合印記號對齊縫合。
縫合四周時，將表布的貼布縫四周、依照裡布描繪的記號線縫合。

27
表布（A＋B）1片

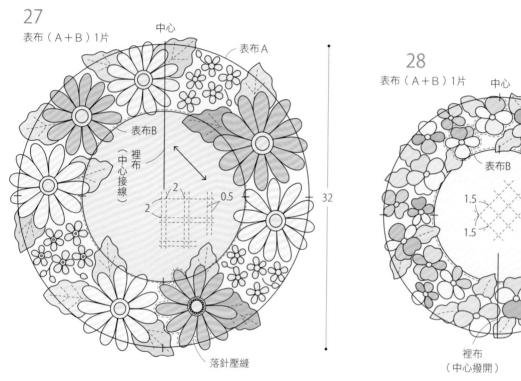

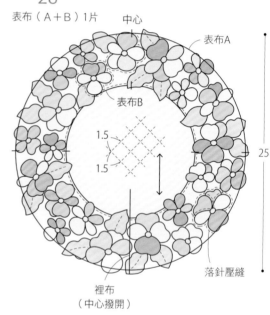

28
表布（A＋B）1片

作法

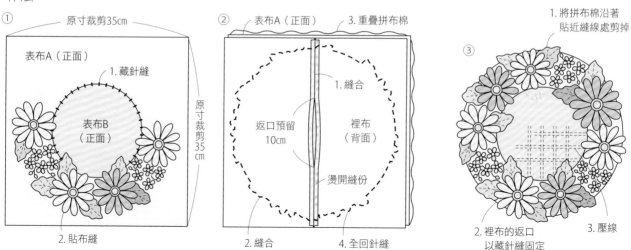

29

30

31

製作單一朵花
瑪格麗特&玫瑰杯墊

將杯墊作成展開花瓣的盛開花朵，宛如
桌上開滿花朵。依杯子顏色不同，製作
各色杯墊來搭配更饒富趣味性。

No.29　寬14cm
No.30　寬13cm
No.31　寬14.5cm

作法 P.56

立體貼布縫

以P.55的杯墊為範例，
進行立體貼布縫的作法解說。

＊杯墊的材料

瑪格麗特 花瓣用布20×15㎝　花蕊用布10×10㎝
台布、裡布、拼布棉各20×15㎝
玫瑰 花瓣用布20×15㎝　葉子用布15×10㎝　台
布、裡布、拼布棉各20×15㎝
※玫瑰：將葉片以貼布縫裝飾於台布後，再將花瓣依
照號碼順序進行貼布縫，之後的作法與瑪格麗特相
同。
※原寸紙型B面⑰（瑪格麗特）⑱（玫瑰）

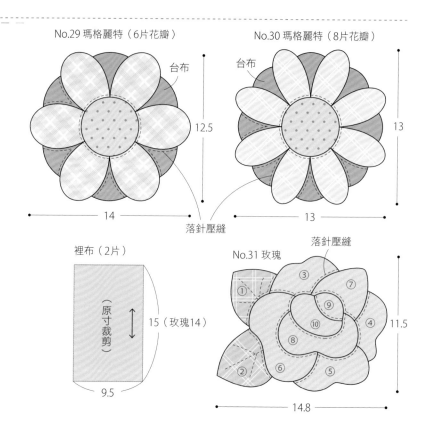

No.29 瑪格麗特（6片花瓣）　台布　12.5　14
No.30 瑪格麗特（8片花瓣）　台布　13　13
落針壓縫
裡布（2片）　（原寸裁剪）　15（玫瑰14）　9.5
No.31 玫瑰　落針壓縫　①②③④⑤⑥⑦⑧⑨⑩　11.5　14.8

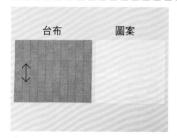

台布　圖案

1. 將台布原寸裁剪15×18㎝，
　將圖案複寫於手工藝用軟式
　轉寫紙。

2. 於台布的正面將圖案放上，以
　消失筆將圖案沿著線條描繪
　複寫。

3. 花瓣布6片與
花蕊布1片加上縫
份後裁剪（參考
P.73）。縫份為
花瓣的外圍側0.4
cm（更小的布片
為0.3cm），花瓣
的內側0.5cm。大
的花蕊四周因為
要平針縫拉皺作
出圓的形狀，所
以預留0.7cm。

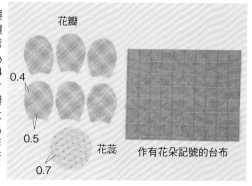

花瓣　0.4　0.5　0.7　花蕊　作有花朵記號的台布

4. 於台布上將花瓣完成貼布縫
　（參考P.73、P.74）。

花蕊的紙型　合印記號

5. 這裡再一次畫上
　花蕊記號，放上
　花蕊的紙型與花
　瓣對齊合印作記
　號。

紙型

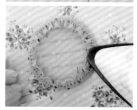

6. 作出花蕊的圓形。縫份處平
　針縫後，於背面放上花蕊紙
　型將線拉緊，以熨斗熨燙縫
　份，縫份固定後將紙型取
　出，放於表布中心以藏針縫
　固定。

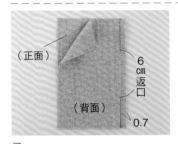

（正面）

6cm返口

（背面）

0.7

7. 將裡布對裁成2片，正面相對重疊後，預留返口縫合。

表布　　　裡布（背面）

8. 裡布的縫份以熨斗熨燙開，背面與步驟2同樣畫出圖案。

9. 表布與裡布正面相對重疊，對齊記號以珠針固定，首先，先固定凹陷處，其次固定凸出部分。

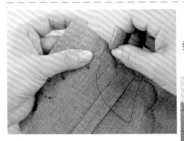

10. 於裡布側開始從記號處進行平針縫，花瓣部分一邊以手指的觸感確認段差，一邊縫合於貼布縫縫線的外側。

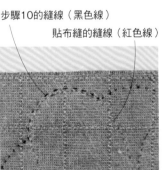

步驟10的縫線（黑色線）

貼布縫的縫線（紅色線）

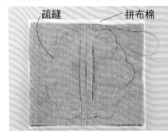

疏縫　　　拼布棉

11. 表布的背面放上拼布棉，於圖案內側疏縫，步驟10的縫線上重疊縫合，為了翻回正面時縫線不會鬆開，請以全回針縫縫合固定，縫合時縫線也稍稍拉緊。

12. 拆開疏縫線，預留0.7cm後剪掉多餘布料。

13. 接著將拼布棉沿著貼近縫線處剪掉縫份部分，將剪刀拿平倒的方式進行裁剪。

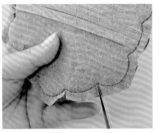

14. 縫線的凹陷處剪牙口。

15. 從返口處翻回正面，以疏縫針將縫線的凹處挑出整理形狀。

疏縫

16. 於四周的內側0.5cm左右疏縫。

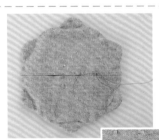

17. 裡布的返口處以藏針縫縫合固定。

18. 花蕊的四周也以疏縫線固定，花蕊與花瓣的接縫處落針壓縫。

19. 從背面的四周開始星止縫，讓整體更穩固紮實，於疏縫線的稍稍外側，連同拼布棉一起挑針縫合，去除疏縫線後完成作品。

將單層花瓣的大理花並排於袋口，並將花瓣與葉片的邊端稍稍的突出來。化妝包最亮眼吸睛是裝飾著一枝大理花。高貴雅緻的淺水藍搭配淺淺的米白色，更突顯出高雅的氣質。

No.32　22×32cm　作法 P.59
No.33　13×18cm　作法 P.70

32

33

＊材料

表布40×60cm　各色貼布縫用布　裡布（包含內口袋、擋布、側身縫份處理布、包捲磁釦的藏縫布）65×60cm　拼布棉40×60cm　提把（38cm）1組

＊作法順序

表布完成貼布縫→於裡布袋口部分描繪貼布縫線條→表布與裡布正面相對疊合，縫合袋口→於表布的背面重疊拼布棉以全回針縫固定→將袋口部分的拼布棉，沿著貼近縫線處剪掉縫份的部分，剪牙口並翻回正面→整理袋口的形狀後壓線→製作內口袋，縫合→從底部正面相對對摺，縫合脇邊打底角→縫合側身底角→縫合提把完成後，於提把邊端縫上擋布→縫合磁釦。

＊重點

表布袋口部分的縫份要多留一些。
貼布縫的作法P.72
作法的步驟1至3請參考P.57。表布與裡布的袋口部分縫合時，表布的貼布縫四周，依照著裡布描繪的線條縫合。
側面脇邊的縫份，以裡布包捲處理。
磁釦以裡布包捲處理。

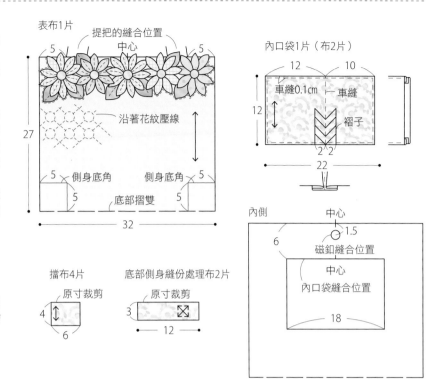

作法

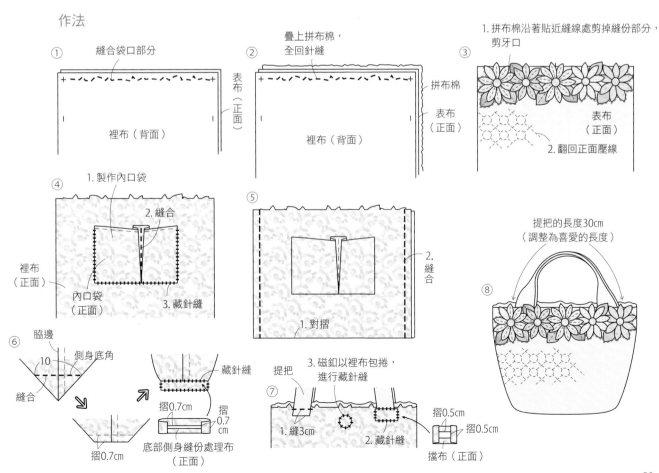

三色紫羅蘭拼布信插

宛如將三色紫羅蘭種植在口袋盆栽裡的可愛設計。花朵的顏色使用黃色與黃色滲入紫色的先染布，彷彿新鮮的三色紫羅蘭。口袋作成立體側身，更方便收納物品。 48×21㎝

作法P.61

34

＊材料

表布25×50cm　口袋用布30×50cm　各色貼布縫用布　裡布、拼布棉各55×55cm　滾邊條用　寬3.2cm的斜紋布140cm　邊飾帶（0.3cm寬）140cm　25號繡線適量

＊作法順序

表布、拼布棉、裡布依序重疊壓線→四周滾邊處理，縫合邊飾帶→於口袋布完成貼布縫→疊上裡布縫合袋口部分→疊上拼布棉於四周以全回針縫縫合→將拼布棉沿著貼近縫線處剪掉縫份的部分，於貼布縫處剪牙口並翻回正面→完成壓線→製作口袋的側身→口袋與側身背面相對縫合→於表布縫合口袋。

＊重點

口袋布也包含貼布縫部分，請將縫份多預留一些裁剪。
貼布縫的作法P.72
繡法P.41
滾邊條的斜紋布作法、滾邊作法P.80
口袋的作法請參考P.57，口袋布與裡布的袋口縫合時，表布的貼布縫四周請依照裡布描繪的線條縫合。

口袋

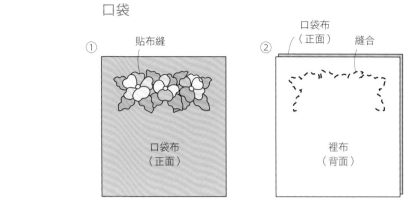

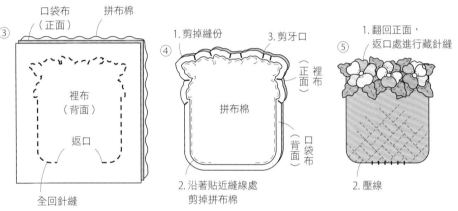

口袋側身

口袋的縫法

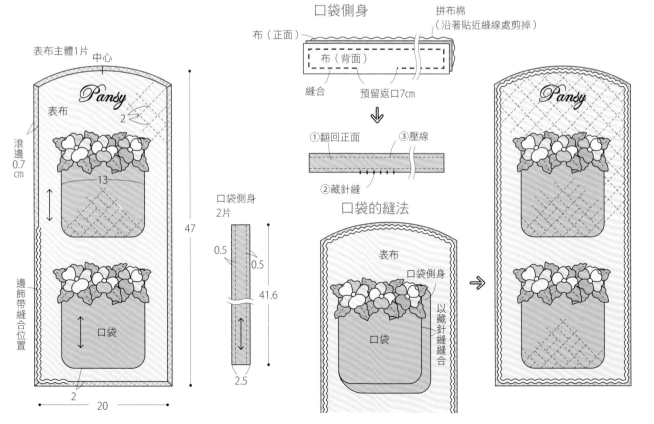

拼縫開滿四季の美麗花朵

從身邊的花草到野外的花朵與果實等，將60多種植物的花朵與果實設計成為便於貼布縫的圖案。
選擇自己喜愛的花朵，享受縫在拼布與小物上的樂趣。

35

四季花朵拼布圖鑑

在色彩豐富的圓形框裡，描繪出貼布縫的花朵。
羽毛的壓線圖案，突顯出圓形框與花朵的溫柔婉約。
137×100cm

作法 P.71

馬醉木 pieris japonica

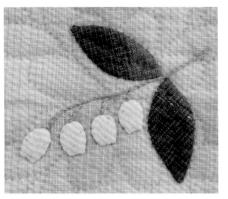

磯菊 Chrysanthemum pacificum

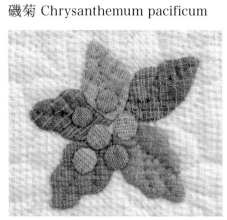

鬼針草 Bidens pilosa

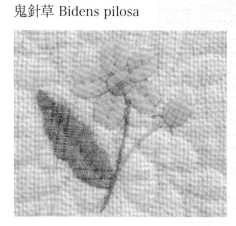

Caltha palustris var.barthei
蝦夷立金花

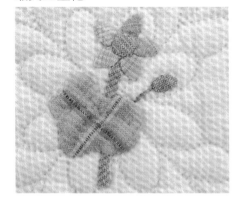

延齡草 Tschonosk Trillium

迎春花 Jasminum nudiflorum

三色堇 Veronica persica

片栗 Erythronium japonicum

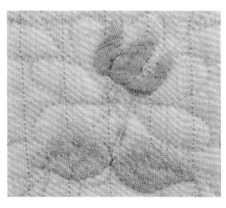

花梨 Chaenomeles sinensis

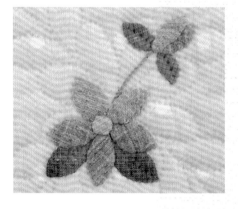

寒椿 Camellia sasanqua

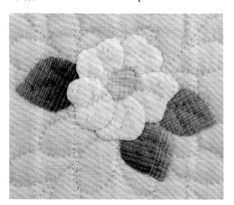

桔梗 Platycodon grandiflorum

荷蘭番紅花 Crocus vernus

波斯菊 Cosmos bipinnatus

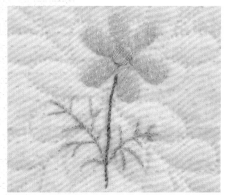

櫻花 Sakura

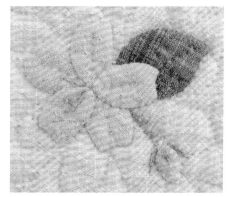

菝葜 Smilax china

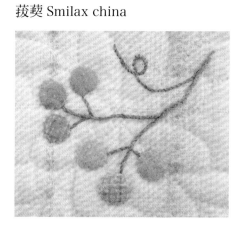

蛇目菊 Creeping zennia

仙客來 Cyclamen persicum

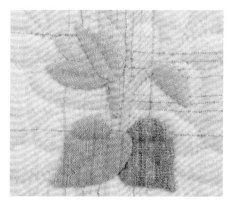

秋明菊 Japanese anemone

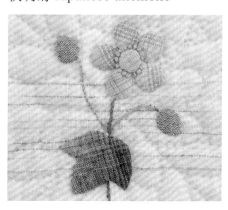

五葉地錦 sugarvine

瓜葉菊 Cineraria

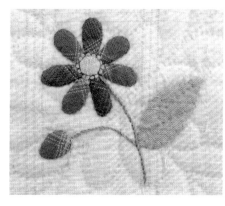

毛核木 Symphoricarpos

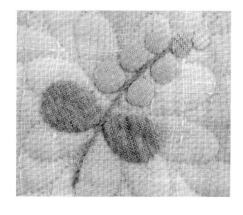

水仙 Narcissus tazetta

鈴蘭水仙 Convallaria keiskei

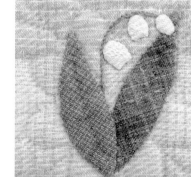

草莓 Strawberry

楊梅 Red Bayberry

雪花蓮 Giant snowdrop

鈴蘭水仙 Giant Snowflake

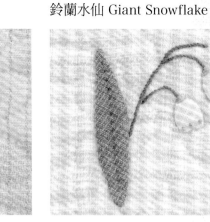

非洲菫 Saintpaulia ionantha

千日紅 Globe amaranth

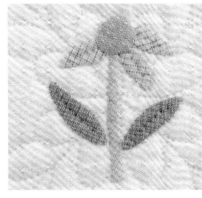

藪柑子（紫金牛） Spearflower

大理花 Dahlia

鬱金香 Tulip

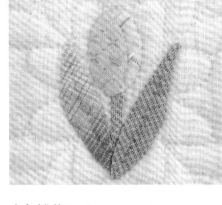

巧克力波斯菊 Chocolate Cosmos

粉紅色雛菊 Bellis perennis

白色雛菊 Bellis perennis

魚腥草 Houttuynia cordata

折柄茶 Stewartia

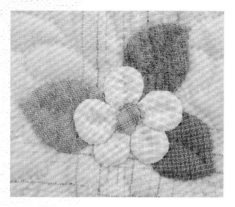

浜菊 Chrysanthemum nipponicum

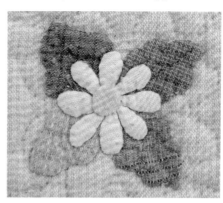

玫瑰 Rose

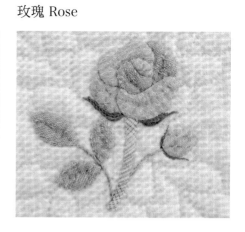

柊樹 Osmanthus heterophyllus

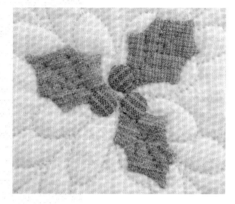

三色堇 Viola tricolor

短柄岩白菜 Bergenia stracheyi

窄葉火棘 Pyracantha angustifolia

金盞花 Adonis amurensis

葡萄 Vitis labrusca

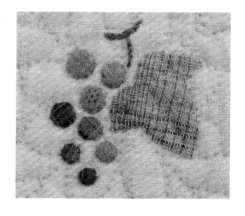

報春花 Primula

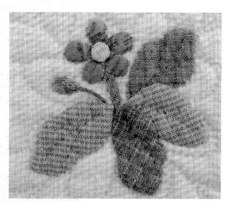

藍星花 Tweedia caerulea

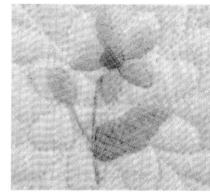

堆心菊 Helenium

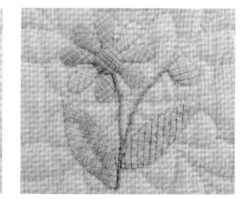

一品紅 Euphorbia pulcherrima

瑪格麗特 Marguerite

天使喇叭 Lysichiton

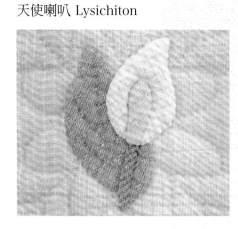

線葉金合歡 Acacia decurrense

葡萄風信子 Muscari armeniacum

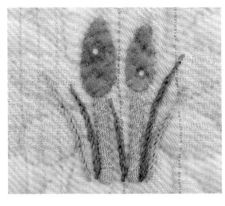

紫露草 Tradescantia

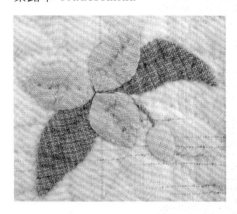

木香花 Rosa banksiae

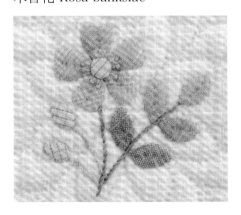

桃花 Prunus persica

天使喇叭 Lysichiton

董菜 Violaceae

四照花 Cornus kousa

蠟梅 Chimonanthus praecox

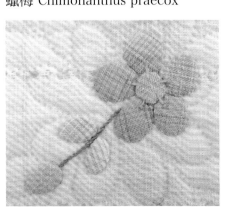

地榆 Sanguisorba officinalis

四季花朵床罩

與P.62的拼布相同版型,排列10×12片,60
種類的花朵全部以貼布縫完成,平穩的柔和色
調最適合用於家居中最舒適的臥室!
229×192㎝

作法 P.71

36

＊材料

表布、裡布（包含底部側身處理布）、 拼布棉各30×35cm　各色貼布縫用布　拉鍊（20cm）1條　蕾絲（0.5cm寬）45cm

＊作法順序

表布完成貼布縫→於裡布描繪整體的線條→表布與裡布正面相對疊合，縫合突出來的花瓣部分→於表布的背面疊上拼布棉，於完成線上以全回針縫縫合→將拼布棉沿著貼近縫線處剪掉，剪牙口後翻回正面→整理袋口的形狀後壓線→袋口縫合蕾絲→底部正面相對對摺後，脅邊以捲針縫縫合→縫合底部側身→縫合拉鍊。

＊重點

表布袋口部分的縫份要多預留一些。
貼布縫的作法P.72
作法1至3請參考P.57，縫合袋口的表布與裡布部分時，表布周圍進行貼布縫、沿著裡布描繪的線條縫合。

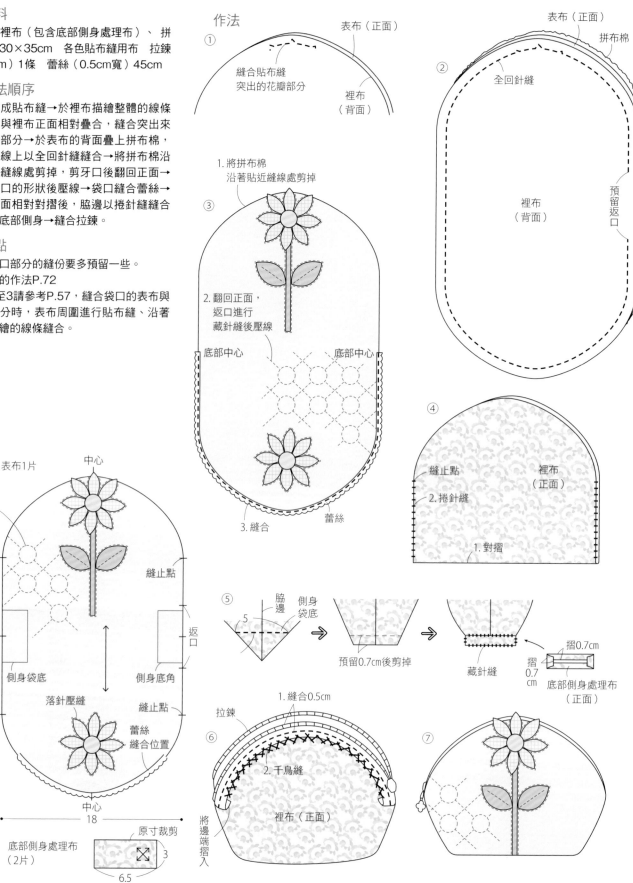

作法

① 縫合貼布縫突出的花瓣部分　表布（正面）　裡布（背面）

② 全回針縫　表布（正面）　拼布棉　裡布（背面）　預留返口

③ 1.將拼布棉沿著貼近縫線處剪掉　2.翻回正面，返口進行藏針縫後壓線　底部中心　底部中心　3.縫合　蕾絲

④ 縫止點　裡布（正面）　2.捲針縫　1.對摺

表布1片　中心　沿著圖案壓線　縫止點　底部中心　返口　側身袋底　側身底角　落針壓縫　縫止點　蕾絲縫合位置　中心　31　18

底部側身處理布（2片）　原寸裁剪　6.5　3

⑤ 5　脅邊　側身袋底　預留0.7cm後剪掉　藏針縫　摺0.7cm　摺0.7cm　底部側身處理布（正面）

⑥ 1.縫合0.5cm　拉鍊　2.千鳥縫　裡布（正面）　將邊端摺入

⑦

＊No.35材料

各式拼接用布　裡布、拼布棉各110×150cm　各色貼布縫用布　滾邊條用3.2cm寬斜紋布、蕾絲（0.6cm寬）各490cm　25號繡線適量

＊No.36材料

各式拼接用布　裡布、拼布棉各110×500cm　各色貼布縫用布　滾邊條用3.2cm寬斜紋布、蕾絲（0.6cm寬）各890cm　25號繡線適量

＊作法順序

將A的周圍縫合4片B，拼縫成1片布塊→將A的周圍縫合3片B，與第一片布塊（縫合4片B的）拼接縫合→以同樣方式拼接縫合成主體表布→完成貼布縫、刺繡→重疊裡布、拼布棉後壓線→四周以滾邊處理。

＊重點

A紙型要加角部分的縫份
貼布縫的作法P.72
繡法P.41
滾邊條的斜紋布作法、滾邊作法P.80
進行貼布縫於喜愛的位置。
No.36的裡布、拼布棉於中央拼接縫合。

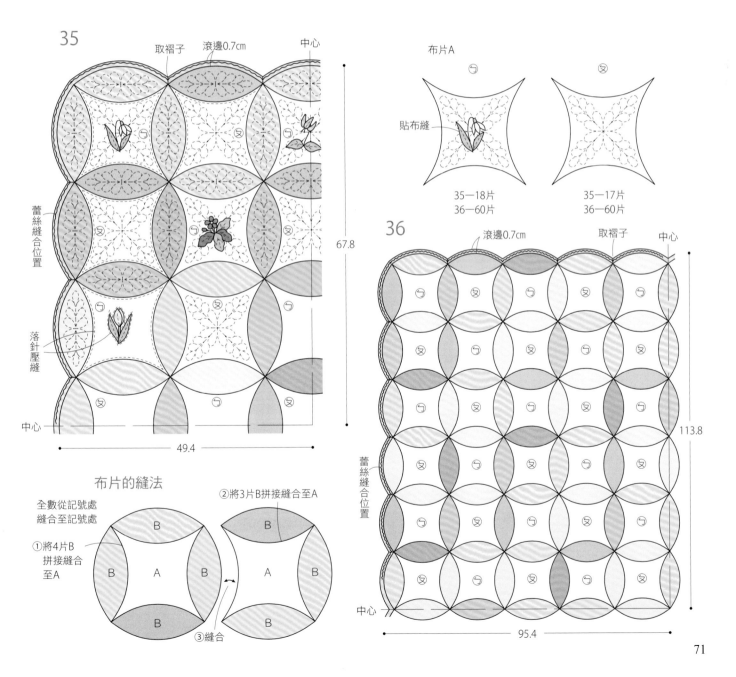

貼布縫的作法
本文介紹方便的道具與貼布縫的技巧解說。

關於工具

縫線

一般使用60番縫線。雖說花朵與葉片的顏色非常眾多，但多半米白色、各種深淺的駝色大概都能介於之間搭配使用，深顏色的布與貼布縫的布以同色的縫線較為恰當。

貼布縫針與珠針

貼布縫針很細並且尖端銳利，容易穿過布料，照片的針長為2.9cm，珠針推薦長度短且珠頭小的較好使用。

手工藝專用筆

也有描繪記號後可以擦掉的專用筆。

使用描繪記號後會自動消失的類型，本書主要使用水洗後會消失的類型，但經過一段時間會自動消失的筆，在必要時也可以配合使用會較為方便作業，請選擇使用筆尖較細的類型。

軟式手工藝專用轉寫紙

用於複印圖案的專用紙。將描繪圖案的專用紙放於台布上，以手工藝專用筆重新描繪一次，可將圖案轉寫於台布。由於材質描繪的花樣是透明的，可以依照著花樣描繪重複使用多次。

布用口紅膠

將貼布縫疏縫於台布時使用，可代替珠針來使用。

圓形定規尺

以紙型較難描寫的小花蕊或圓形小果實，使用圓形定規尺相當方便，直接放於布料上描形狀圖案即可。

小型剪刀

用於裁剪貼布縫、裁剪修齊縫份時，比起大型剪刀；小型剪刀較為輕巧便利方便使用。

關於布紋

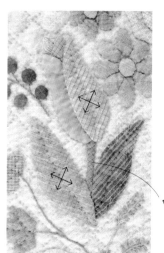

壓線後突顯出蓬鬆的立體感

將紙型放置於布紋方向記號的45度角（取正斜紋布）。圖形的轉彎處形成斜紋圖案，會使貼布縫看起來更柔和；先染布的格子圖案斜放於主體表布，會使整體看起來更有韻律感。還有正斜紋布壓線時，會突顯出壓線後的蓬鬆立體感。

縫份一邊向內側摺入，一邊進行貼布縫

正面畫上圖案記號後，解說縫份一邊向內側摺入一邊進行貼布縫的方法。比起平縫後拉緊縫份的方法，更為簡單易懂不費工。貼布縫從下層的圖案開始依序完成。若貼布縫的圖案與台布的記號有衝突時，依照台布的記號縫合，完成後會更加漂亮。

①細長的莖看起來更清爽

②葉片作出漂亮的尖角

③花瓣的弧度看起來更柔和

④花蕊是漂亮的圓形

台布與貼布縫布片都描繪記號

1. 軟式手工藝專用轉寫紙以鉛筆描繪出圖案後放置於台布上，以珠針固定後，再以消失筆描繪圖案。台布上完成圖案記號。

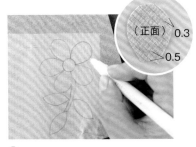

（正面）0.3
0.5

2. 貼布縫的布片上作圖案記號，將步驟1的轉寫紙放於貼布縫的花瓣布片正面上，以消失筆描繪圖案，縫份預留0.3cm（與其他布片重疊時預留0.5cm），多餘的剪掉。

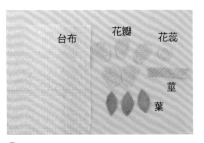

台布　花瓣　花蕊　莖　葉

3. 必須用到的貼布縫圖案布片與台布準備完成，寬0.3cm的莖原寸裁剪寬1.2cm的斜布條，準備比必須要的長度略長。

從下層的圖案開始依序縫合

莖

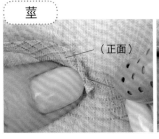

（正面）

於摺痕深處進行藏針縫

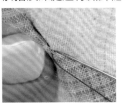

1. 莖的圖案布片沿著記號放於台布上，如左圖一樣，以針尖將縫份一邊塞進內側0.3cm，一邊於深處進行藏針縫，摺入部分以手指壓住，從摺痕的最高處將針穿出後，再於正下方從台布的記號處將針穿入挑針縫合。

為了使藏針縫的針趾不起眼，請盡量於台布的深處挑針。

2. 拉線時與行進方向同樣方向拉，會使藏針縫的針趾更穩定。

3. 多餘部分剪掉。

（背面）

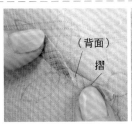

（背面）
摺

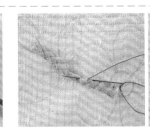

4. 將台布的上下顛倒過來，步驟3的縫份剪掉一些。

5. 接著將莖的布片沿著台布的記號向外摺，摺痕向外預留0.3cm縫份，其餘剪掉。

6. 縫份向內摺進行藏針縫，漂亮的完成約0.3cm寬的細長莖。

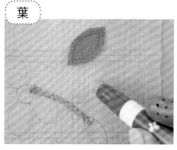
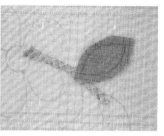
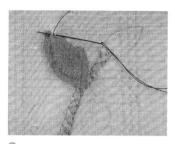

1. 台布的記號處大約塗2點口紅膠，畫好葉子記號的布片放於台布記號處。請注意口紅膠不可塗太厚。

2. 以針尖將縫份塞進內側，至葉子角落為止進行藏針縫。

3. 翻開布片，將超出台布記號外側部分的縫份邊角剪掉。

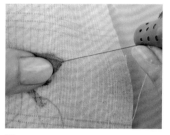

4. 另一邊的縫份以針尖塞進內側。

5. 摺入的部分以手指壓著，將針從葉子的尖端穿出，拉緊線將葉子的尖角整理出來。

6. 縫合另一邊。

完成3片葉子。

花瓣

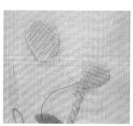

雖然看起來好像相同的花瓣，但還是有微妙的差異，事先在圖案處放上布片便一目瞭然。

1. 放上布片進行藏針縫。弧度部分以較細小的針趾，縫合出來的線條會更流暢，縫合完1片花瓣後，不要剪斷線，放上隔壁的花瓣繼續進行藏針縫。

2. 花蕊中央的布片保持平整對齊，不要重疊。

3. 要重新描繪花蕊的記號，放上轉寫紙以消失筆描繪。

使用圓形定規尺時

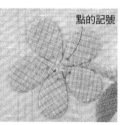

點的記號

花蕊

細長的花瓣

放上轉寫紙以消失筆作出點的記號。

以點的記號為基準，放上圓形定規尺畫出圓形。

放上花蕊的布片，縫份一邊向內側塞入一邊進行藏針縫。

內側部分不重疊的保持平整對齊，看起來較為簡潔俐落（P.12向日葵）

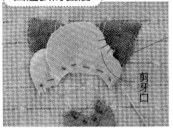  

剪牙口

1. 於未到凹處的地方為止進行藏針縫，凹處的縫份大約剪3個牙口（中心與左右），牙口盡量剪至貼近記號線處，但又不能剪到記號線。

2. 以針的尖端，將縫份向內側以輕撫塞入的手法進行藏針縫。

3. 剪牙口後的弧度不會緊繃，形成更順暢的線條。

凹進去的角度

    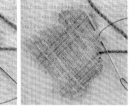

剪牙口

1. 於未到角度的地方為止進行藏針縫，角度的記號處剪牙口。

2. 於角度的前一針為止進行藏針縫，以針的尖端將角度的縫份部分向內側塞入。

3. 角度的摺山處將針從較深處穿出（左）固定一針後，向另一邊繼續進行縫合。

玫瑰的貼布縫方法

 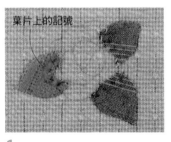  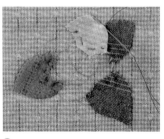

葉片上的記號

玫瑰從花瓣的外圍開始依序縫合，完成後看起來更具立體感（P.32）。

1. 首先將葉片完成貼布縫，事先將花瓣重疊部分的縫份以粗針趾固定，放上轉寫紙於葉片上重新描繪記號。

2. 準備花瓣的布片，大概的排列一下會比較方便接下來的作業。

3. 將第一片花瓣放於台布，要藏針縫的部分以外疏縫固定，其餘的縫份塞進內側進行藏針縫。

4. 第二片花瓣也以同樣方式固定。

5. 外側的花瓣完成後的情形。內側花瓣的固定位置記號因為被蓋住了，所以將轉寫紙放上，再一次將圖案重新描繪出來。

6. 內側花瓣的固定位置重新描繪後的情形。

使先染布更活躍的配色

本書所介紹的貼布縫主要使用先染布,先染布可以表現出印花布無法展現的獨特風味、耐人尋味的深沉色調、生動的質感、花朵以及葉片的表情。盡量選擇與真花朵相近的顏色,更可以表現出花朵的真實感。

花瓣 選擇格子圖案時,使用不顯眼的大圖案格子部分以及模糊的線條部分,更能表現出花朵的生動活潑與立體感。
假使能夠適當的運用先染布的深淺部分,花朵的立體感也會因應而生。

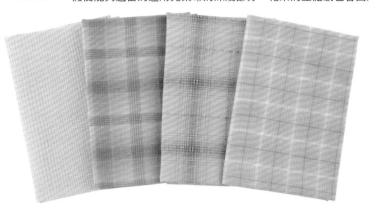

考慮花朵的深淺,取花瓣適當的裁剪位置

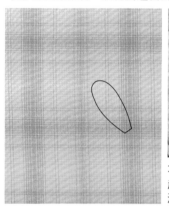

花瓣的中心側顏色深一些,看起來就像花蕊側畫上深顏色漸漸向外淡出,立體感也跟著產生而更接近真實的花朵。

葉片 摻入些許白色輕筆描繪的綠、摻入些許茶色深沉穩健的綠、稍稍摻入些許青色澄碧嬌翠的綠等等,事先收集多樣化的先染綠,要表現葉片時將顏色找出適合的來搭配使用。

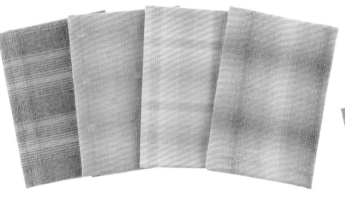

花蕊 黃綠與黃色、茶色等色系,使用真實花朵實際有的花蕊顏色。推薦花色小一點的,如右圖2片布料,黃色摻入茶色的點點圖案與小格子,看起來特別像是花朵的蕊芯部分。

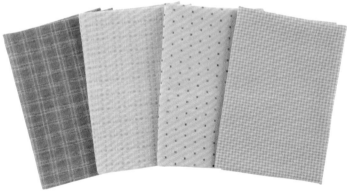

果實 尚未成熟的青澀果實與成熟的橙色、黃色果實等,選擇想要表現的果實種類搭配使用。

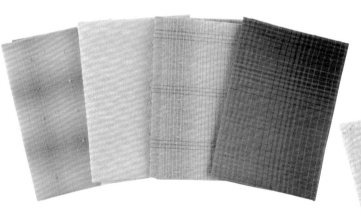

台布 使用花色不明顯的淺色系,讓花朵與葉片凸顯出來,沉穩的淺灰、樸實可愛的米色與淺粉紅等,配合花朵的顏色以及作品的印象搭配組合。

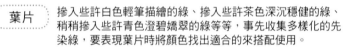

具有層次的先染布，布片選取的地方不同，展現出深淺微妙的差異，恰到好處表現出花朵的柔和姿態，圖片這朵玫瑰只採用同一塊先染布配色。

鬱金香的花瓣採用4種不同的先染布，使花瓣重疊部分線條分明。

3片葉子的深色、中間色、明亮等使用3種綠色系，使整體看起來不會太單調。

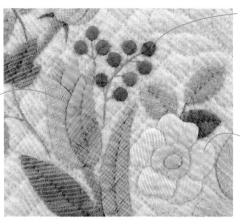

青澀果實使用漸層的先染布。

白色的花朵使用3種不同的先染布，搭配成熟優雅的色調。

粉紅色的花朵，靠近花蕊側使用較深色可展現出立體感。

藍雛菊的花瓣使用2種不同的先染布。較深處的花瓣使用較深的顏色，搭配出花朵的遠近感。

擁有5片花瓣的三色堇，上面3片的深色花瓣使用2種的先染布。

裡布選擇使用同色系或與主體相襯色調的印花布

P.4草莓圖案茶壺保溫套，使用與粉紅色表布同色系的印花布。

P.34德國洋甘菊&薄荷壁飾，米色系的飾邊與滾邊條搭配淡米白的小雛菊花色。

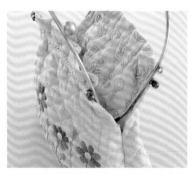

P.14的迷你小包，袋口一打開露出裡布開朗的花朵圖樣。

關於包款的裡布

P.15的包款因為顏色很清爽淡雅，所以裡布採用畫有深顏色花朵圖案的布料，使袋內的質地隱約可見些許的華麗，是為此包款的重點設計。

P.58的大理花手提包，使用的裡布是比表布葉片略深的青與綠色系印花布，淡雅的花朵顏色顯得更加清麗典雅。

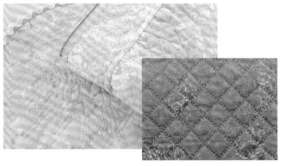

倘若包款不製作內口袋時，請採用壓線後的針趾不會醒目的裡布，例如左上全體都有花色，但壓線後的針趾並不會很明顯，素面或右下素面部分較多的印花布，壓線後的針趾就會比較明顯。

襯托貼布縫美感的刺繡與壓線

添加上花朵的紋路或葉脈的壓線後更能展現出植物的表情，布料無法表現的細微部分以刺繡完成。

花瓣縫出花朵的紋路、葉子縫出葉片的脈絡，花蕊與小花的花苞以法式結粒繡來表現。P.33

花蕊的四周繡放射狀的繡線條，絲石竹以英式結粒繡來表現。P.32

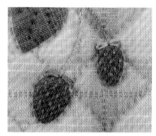

草莓的蒂頭以雛菊繡來表現，果實的種子部分以極短的直線繡來表現。P.4

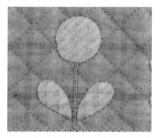

圓形的花朵以同色系的繡線表現，莖是鎖鍊繡。P.18

香水百合的花蕊使用輪廓繡與捲線繡。鐵線蓮的花蕊是法式結粒繡與直線繡。更接近真實花朵的花蕊以刺繡來表現。P.44

類似德國洋甘菊的小花瓣，以緞帶繡的直線繡表現蓬鬆的立體感，薄荷的花朵是法式結粒繡。P.34

薰衣草的花朵是雛菊繡，與真實的一模一樣。P.14

使刺繡更漂亮的技巧

購買繡線後將它解開分成16等分，作成一束穿入色號的紙卷裡，使用時從這裡一股一股的抽出必須的股數來用。

輪廓繡

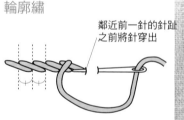

鄰近前一針的針趾之前將針穿出

細長部分的莖幾乎都以輪廓繡完成。

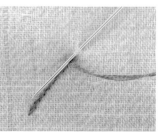

挑針的寬幅約略針趾的一半，鄰近前一針的針趾之前將針穿出。

拉線時將繡線拿短一點拉，這樣的拉線方法可以防止拉太緊或太鬆，可將繡線控制在想要停止的適當位置。

法式結粒繡　針的粗細可以決定結粒的大小。建議使用比標準粗一級的針，可以作出較蓬鬆的結粒。

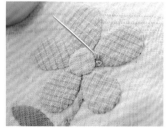

1. 花蕊的四周繡結粒繡的粒子，從鄰近花蕊的邊界將針穿出（1出）。

2. 將線捲於針上後，比從步驟1穿出的位置稍稍外側，將針刺入（2入）。

3. 針穿刺著，將捲於針上的線向根部拉緊以手指壓住，再將針向下拉出線拉緊。

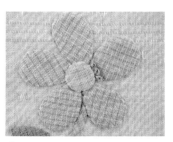

4. 線拉太緊會少了蓬鬆感，要小心拉線，像這樣連續刺繡時，1出與2入的位置保持一定的距離，就可以更整齊漂亮。

基本技法

■製作紙型與作記號

關於紙型

紙型用太薄的紙會很難使用，請準備厚一點的紙。自己製圖的紙型，或是書本影印的紙型，請貼於厚紙板上保持厚度，以剪刀或美工刀沿著線條剪開使用。各個紙型都必須將布紋方向記號與合印記號畫清楚，片數的號碼寫上也很好操作。

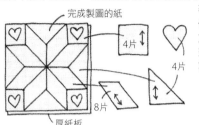

完成製圖的紙
4片
4片
8片
厚紙板

關於作記號與布片

將紙型放於布上，以2B左右鉛筆的尖端作記號。普通的布片記號於布的背面，貼布縫的布片記號於正面。縫份預留0.7cm（貼布縫0.3至0.5cm）為大概的基準，以目測裁剪大概的縫份也OK。裁剪下來的布片稱為「布片」將布片相互拼接縫合稱之為「拼縫布片（布塊）」。

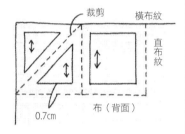

裁剪
橫布紋
直布紋
布（背面）
0.7cm

■貼布縫的方法

一邊將縫份塞進內側，一邊進行藏針縫　**作出形狀後進行藏針縫**

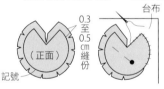

0.3至0.5cm縫份
台布
（正面）
記號

0.5cm縫份
（背面）
紙型

於表布的正面作記號縫份預留0.3至0.5cm後裁剪，凹陷處與弧度處的縫份剪牙口（凹陷處剪記號外側0.1cm為止、弧度處剪更少一點點）。放於台布上，沿著記號一邊以針尖將縫份塞進內側一邊進行藏針縫。

布片的背面作記號，預留0.5cm縫份後裁剪，凹處的縫份剪牙口，弧度的縫份平針縫。為了止縫結不會輕易穿出，打大一點的結。將平針縫的線靠著紙型拉緊，以熨斗整燙後，摺入直線部分的縫份。線不要拆除將紙型取出，放於台布進行藏針縫。

■始縫結與止縫結的方法

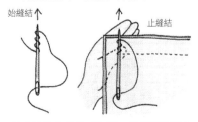

始縫結
止縫結

針尖端將線繞捲2至3圈，捲好部分以大拇指一邊壓住一邊將針抽出。

■下水處理

布買回來後，使用前先以水洗浸泡過。這個動作叫作「下水處理」，是製作前的基本作業。布料過水後會產生縮份，縮份的多寡會因材質不同而有所差異。假使布料沒有過水直接使用，完成作品洗滌後，將會成為產生皺摺與扭曲變形的原因。還有「下水處理」也含有將歪斜布紋整理整齊的意義。

■關於布紋

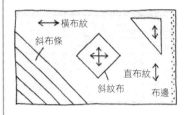

橫布紋
斜布條
直布紋
斜紋布
布邊

紙型中間的記號就是「布紋」。布紋是指布料的縱橫織紋。布紋如果縱橫有正向交錯，布料就不會歪斜。拼布時，各布片畫有布紋方向記號，請依照布料的直布紋或橫布紋方向裁剪。沒有依據布紋方向記號裁剪時，容易產生斜紋布。斜紋布會有適度的伸縮性，較適合貼布縫的布片或者是滾邊條。

■珠針的固定方法

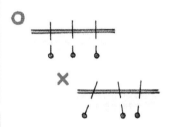

布片縫合時，以珠針疏縫固定是非常重要的一件事。將拼縫布片的2枚布片，對齊記號正面相對疊合、兩端的記號→中央的順序固定。將貼布縫的布片放於台布上，珠針挑起少量的布固定。只有些微的歪斜，也是布片錯位的原因，所以務必對齊完成線，以垂直的角度將珠針下針固定。

■拼縫布片的基本方法

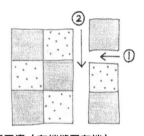
②
①

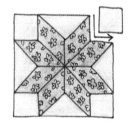

邊至邊（布端縫至布端）

四角形的版型等的縫合方法。布片從一端縫合拼接至另一端，幾片布片拼接成布塊後，再將布塊拼接縫合成主體表布。

鑲嵌拼縫

邊至邊無法完成的版型。小部分縫合至記號為止，再於布片之中夾入另一布片，以鑲嵌的方式將圖形拼接縫合。

■基本縫法

記號到記號的縫合

縫合從記號到記號。兩端鑲嵌縫合時（參考右上），使用此方法。

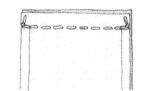

從布端縫合至布端

兩端縫合邊至邊（參考上圖），從布的邊端縫合至另一邊端，兩側各進行一針回針縫。

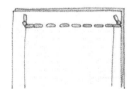

布端開始縫合至記號

只有單邊要縫合鑲嵌拼縫時，鑲嵌拼縫側縫合至記號。

■斜布條的作法

市售的斜布條也很方便，但是若用喜愛的布料作斜布條，更能襯托作品的美。製作斜布條有兩種方式：需要少量時「先剪後縫」需要大量時「先縫後剪」，運用這兩種方式即可方便作業。

先剪後縫

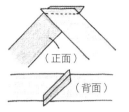

先裁剪長20至30cm左右的布料後，再剪45度角的對角線與必須要的寬幅布條。

（正面）

（背面）

長度不夠時，再將布條接縫使用，要將縫份燙開。

先縫後剪

布料先剪正方形後，再裁剪45度的對角線。

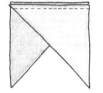

將裁剪好的布料如圖正面相對縫合，建議以縫紉機車縫。

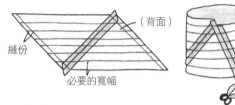

縫份

（背面）

必要的寬幅

將縫份燙開，沿著布端（上下）畫上必要的寬幅記號，將布端（左右）錯開一段後縫合，以剪刀沿著記號線裁剪。

■滾邊的作法

完成邊框

① 摺2至3cm

邊角記號回針縫

② 45°

將滾邊條從另一端沿著邊，從記號開始縫合。

③ 滾邊寬幅

摺　摺入內側進行藏針縫

■疏縫方法

表布

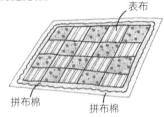

拼布棉　　拼布棉

疏縫方法

基本上從中心開始向外以放射線狀從中心往外縫成米字狀疏縫。

疏縫前的準備

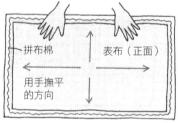

拼布棉　　表布（正面）

用手撫平的方向

依照裡布、拼布棉、表布的順序重疊，從上層將全體平均的以手掌撫平。

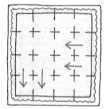

小作品以格子狀的方式疏縫也OK。

■壓線的方法

表布

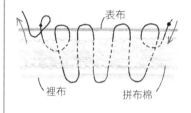

裡布　　拼布棉

第一針從離開一點的位置將針穿入，將始縫結拉緊陷入拼布棉內。第一針回針後開始壓線，結束地方也同樣回一針，將止縫結用力拉緊隱藏於裡面。

稍稍鬆弛

以繡框撐開，壓線會比較漂亮。不要繃太緊，以拳頭撐一下的鬆緊度剛剛好。

頂針戴於兩手的中指。以慣用手的頂針將針頭壓入，垂直的向下刺入。

下面的頂針當成受針方，接下來從下面3層一起挑針。針趾最好維持一致。

■縫份的處理方式

A 以裡布包捲處理

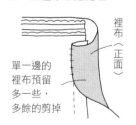

裡布（正面）

單一邊的裡布預留多一些，多餘的剪掉

預留裁剪縫份後，以包捲的方式將多餘的裡布縫份向內摺，以較細的針趾進行藏針縫。

B 對齊縫合

表布（背面）

拼布棉

裡布（背面）

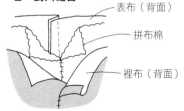

邊端的壓線事先預留3至5cm。只將表布正面相對縫合，縫份倒向單邊。拼布棉對齊縫合，再將裡布進行藏針縫。

■各式縫法

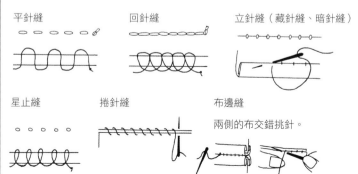

平針縫　　回針縫　　立針縫（藏針縫、暗針縫）

星止縫　　捲針縫　　布邊縫

兩側的布交錯挑針。

對照布端是平行挑針。

手作成詩
原浩美の花朵拼布圖鑑
來自北海道的美麗貼布縫拼布創作集（暢銷版）

作　　者／原浩美
譯　　者／駱美湘
發 行 人／詹慶和
執行編輯／黃璟安
編　　輯／蔡毓玲・劉蕙寧・陳姿伶
執行美編／周盈汝
美術設計／陳麗娜・韓欣恬
內頁排版／造極
出 版 者／雅書堂文化事業有限公司
發 行 者／雅書堂文化事業有限公司
郵政劃撥帳號／18225950
戶　　名／雅書堂文化事業有限公司
地　　址／新北市板橋區板新路206號3樓
電　　話／(02)8952-4078
傳　　真／(02)8952-4084
網　　址／www.elegantbooks.com.tw
電子信箱／elegant.books@msa.hinet.net

2021年01月二版一刷　定價450元

Lady Boutique Series No.4552
HARA HIROMI NO FUNWARI SAKASERU HANA NO APPLIQUE QUILT
Copyright © 2018 Boutique-sha,Inc.
All rights reserved.
Original Japanese edition published in Japan by BOUTIQUE-SHA.
Chinese（in complex character）translation rights arranged with BOUTIQUE-SHA
through Keio Cultural Enterprise Co.,Ltd.,New Taipei City,Taiwan.

經銷／易可數位行銷股份有限公司
地址／新北市新店區寶橋路235巷6弄3號5樓
電話／(02)8911-0825
傳真／(02)8911-0801

原書製作團隊

作品製作協助 / 大谷聖子　小笠原直美　原あおい
編輯 / 關口尚美　神谷夕加里　小池洋子
攝影 / 腰塚良彥（P.2、P.5、P.6、P.10、P.13、P.19、
P.37、P.42、P.43、P.45、P.47、P.55、P.63～P.67、
作法）三浦明
設計 / 山中みゆき
製圖 / 松尾容巳子
攝影協助 / AWABEES　UTUWA

國家圖書館出版品預行編目(CIP)資料

手作成詩，原浩美の花朵拼布圖鑑：來自北海道的美麗貼布縫拼
布創作集 / 原浩美著；駱美湘譯. -- 二版. -- 新北市：雅書堂文
化事業有限公司, 2021.01
　面；　公分. --（拼布美學；38）
　ISBN 978-986-302-563-4(平裝)
1. 拼布藝術 2. 縫紉 3. 手提袋

426.7　　　　　　　　　　　　　　109018725

以祝福之心，為你而作的拼布禮物！

獻上33款只想送你的
手作拼布包！

- - - - - - - - - - - - - - - - - - - -

本書收錄33個充滿巧思及創意的迷人拼布包，柴田明美老師在書中細心介紹其設計的靈感及手作包的每一個小細節，彷彿進入了她的拼布工作室，從特殊的選布、可愛的配色開始，隨心所欲搭配每一件作品的製作回憶、走訪過的人文風景，即便是簡單的包款，也因為老師裝飾上的小配件，而變得更加別具意義，每一個拼布包，都非常適合作為禮物贈送給想要表示感謝或表達情意的家人或朋友。

書中作品皆附有詳細作法教學及原寸紙型＆圖案，收錄基本拼布製作、刺繡方法等技巧，初學者也可以跟著柴田老師的說明，一起動手完成！快拿起針線，為自己、為家人、為朋友，作一個專屬於他的拼布禮物吧！收到的人一定會很開心喲！

手作專屬禮
柴田明美送給你的拼布包

平裝／88頁／21×26cm／彩色
柴田明美◎著
定價450元